JOSÉ GOMES DA SILVA

Uma vida dedicada à reforma agrária no Brasil

Preparação: Dulcineia Pavan
Revisão: Marcos Visnadi e Carlos Bellé
Projeto gráfico, diagramação e capa: ZapDesign
Impressão e acabamento: Paym

Dados Internacionais de Catalogação-na-Publicação (CIP)

J83 José Gomes da Silva: uma vida dedicada à reforma agrária no Brasil / João Pedro Stedile (org.).--1.ed.-- São Paulo : Expressão Popular, 2024.
152 p. : fots.

ISBN 978-65-5891-156-2

1. Silva, José Gomes da, 1924-1996 - Biografia . 2. Reforma agrária – Brasil. 3. Estatuto da terra - Brasil. I. Stedile, João Pedro. II. Título.

CDU 333.013.6(81)(092)

Bibliotecária: Eliane Maria da Silva Jovanovich - CRB 9/1250

1ª edição: outubro de 2024

EDITORA EXPRESSÃO POPULAR
Alameda Nothmann, 806, Campos Elíseos
CEP 01216-001 – São Paulo – SP
atendimento@expressaopopular.com.br
www.expressaopopular.com.br
ed.expressaopopular
editoraexpressaopopular

João Pedro Stedile (org.)

JOSÉ GOMES DA SILVA

Uma vida dedicada à reforma agrária no Brasil

1ª edição
Expressão Popular
São Paulo – 2024

SUMÁRIO

LISTA DE SIGLAS E ABREVIAÇÕES UTILIZADAS NESTE LIVRO

Abra – Associação Brasileira da Reforma Agrária

BID – Banco Interamericano de Desenvolvimento

Cira – Cooperativa Integral de Reforma Agrária

Date – Divisão de Assistência Técnica Especializada

FAO – Organização das Nações Unidas para a Alimentação e a Agricultura

Ibra – Instituto Brasileiro de Reforma Agrária

IICA – Instituto Interamericano de Cooperação para a Agricultura

Incra – Instituto Nacional de Colonização e Reforma Agrária

Inda – Instituto Nacional de Desenvolvimento Agrário

Ipeac – Instituto de Pesquisas e Assessoramento do Congresso

ITR – Imposto Territorial Rural

MST – Movimento dos Trabalhadores Rurais Sem Terra

OEA – Organização dos Estados Americanos

PMDB – Partido do Movimento Democrático Brasileiro

PNRA – Plano Nacional de Reforma Agrária

PT – Partido dos Trabalhadores

Supra – Superintendência de Política Agrária

UDR – União Democrática Ruralista

USP – Universidade de São Paulo

APRESENTAÇÃO

Estimados(as) amigos(as),

Me alegro em poder apresentar-lhes este livro sobre a vida e obra de José Gomes da Silva, ou Zé Gomes, como era conhecido.

Neste ano, celebramos o centenário de Zé Gomes (1924-1996). Ele faleceu em fevereiro de 1996, quando o Movimento dos Trabalhadores Rurais Sem Terra (MST) tinha apenas 12 anos, mas durante esse período foi um incentivador permanente de nosso movimento tanto para a luta quanto para a elaboração teórica da necessidade de uma ampla reforma agrária. Por ter partido tão cedo, acredito que a maioria de nossa militância e dos movimentos populares do campo brasileiro não tenha chegado a conhecê-lo ou teve pouco contato com sua obra.

Zé Gomes viveu intensamente comprometido com a necessidade da reforma agrária. Era agrônomo e, mais do que isso, um excelente agricultor. Aplicava com carinho seus conhecimentos numa fazenda que conseguiu comprar com seu esforço, após voltar do mestrado nos Estados Unidos.

Em plena ditadura, fundou a Associação Brasileira da Reforma Agrária (Abra) (entidade que representa até hoje um patrimônio para nossa luta), para poder manter o estudo e o debate sobre a necessidade da reforma agrária.

Zé Gomes foi estudioso, humilde, simples, como as pessoas do campo, que vivem da agricultura, e sempre foi servidor público, onde procurava aplicar também seus ideais e conhecimentos.

Valorizava e compreendia o papel do Estado como fundamental para implementar as políticas necessárias de transformação estrutural. Galgou todos os postos importantes na agricultura, desde secretário da Agricultura no poderoso estado de São Paulo até a presidência do Instituto Nacional de Colonização e Reforma Agrária (Incra), no governo Sarney.

Estou apenas chamando a atenção para alguns aspectos, mas vocês terão conhecimento de sua biografia e obra com mais detalhes em diversos textos deste livro, como os depoimentos de Sônia Moraes e de Luís Carlos Guedes Pinto, que conviveram com ele praticamente durante toda a vida profissional. E também numa ampla entrevista para a revista *Teoria e Debate*, do Partido dos Trabalhadores (PT), quando discorreu sobre sua vida e seus sonhos.

Quero destacar, no entanto, que ainda muito jovem, nos anos 1960, recém-regressado de um mestrado, convencido da necessidade da reforma agrária para superar a pobreza do campo e desenvolver nossa agricultura, ele organizou e participou de diversos cursos e seminários sobre o tema. Recentemente, aproveitei alguns dos textos produzidos naqueles seminários e cursos ao organizar os dois volumes da coletânea *Experiências históricas de reforma agrária no mundo*, publicados pela editora Expressão Popular em 2020 e 2021.

Seu conhecimento e sua posição ponderada o levaram a ser convocado por Roberto Campos, então ministro do Planejamento, para elaborar o que seria a primeira lei de reforma agrária do país, o Estatuto da Terra, promulgado pelo marechal Castelo Branco, praticamente sem correções, em 30 de novembro de 1964.

Muita gente, até hoje, não valoriza o significado do Estatuto da Terra, pelo fato de ter sido uma lei dos tempos da ditadura. Talvez por desconhecerem seu conteúdo e que a autoria real tenha sido de um especialista que defendia a reforma agrária. São as contradições da vida!

O Estatuto da Terra introduziu e legislou sobre temas muito importantes, desde a criação do Incra, o cadastro de todos os imóveis rurais, a classificação das propriedades em minifúndios, empresas rurais e latifúndios por extensão e por exploração. Determinou que todo latifúndio por extensão deveria ser desapropriado de forma sumária e que os latifúndios por exploração, analisados caso a caso, também seriam objetos de desapropriação. Introduziu o Imposto Territorial Rural (ITR) – até então, nenhum fazendeiro pagava imposto pela propriedade rural. Introduziu as ideias de Cooperativas Integrais de Reforma Agrária (Ciras), de agroindústria etc.

O pensamento de Zé Gomes está aí no Estatuto da Terra. De certa forma, foi uma lei de reforma agrária clássica, seguindo os objetivos keynesianos de desenvolver o país, criar um mercado nacional para uma indústria nacional e promover o desenvolvimento das forças produtivas na agricultura em geral. Combatendo a grande propriedade e o latifúndio antissocial.

Claro que a ditadura não o aplicou, o usou apenas para os projetos de colonização em terras públicas da Amazônia Legal, decorrentes do incentivo à ocupação daquele território, como parte da expansão para o Oeste, objeto também da construção das rodovias Transamazônica e Cuiabá-Santarém.

Publicamos o estatuto aqui neste livro, para que os militantes voltem a lê-lo. E verão que ele é muito mais avançado do que os artigos da Constituinte de 1988 e da Lei Agrária de 1993, que deformaram ainda mais a possibilidade real de uma reforma agrária massiva.

Apesar de conjunturas políticas e da correlação de forças adversas para a reforma agrária, Zé Gomes nunca desanimou. Ao contrário, sempre estimulava a organização dos camponeses como única forma de suas ideias avançarem. Uma vez nos visitou no acampamento da Encruzilhada Natalino, em Sarandi (RS), no início dos anos 1980, e lá o conheci. E ele me disse: "João Pedro, agora a reforma agrária vai. Vamos tirar o Estatuto da Terra da gaveta!". Confiante na organização dos camponeses e na ampliação de sua mobilização. E estávamos ainda na ditadura empresarial-militar!

Com a vitória de Franco Montoro ao governo de São Paulo, em 1982, Zé Gomes assumiu a secretaria de Agricultura e teve coragem de aplicar um programa de assentamentos em terras públicas estaduais, já que não havia condições legais de desapropriações de latifúndios, como gostaria.

Finda a ditadura, com a redemocratização do país, foi nomeado presidente do Incra, como reconhecimento da sua sabedoria e dedicação. E lá no Incra montou uma equipe de especialistas que, em diálogo com os movimentos do campo, elaborou o primeiro Plano Nacional de Reforma Agrária (PNRA), como determinava a lei. As metas e o programa foram um avanço importante. Vejam que incorporamos neste livro a explicação que ele mesmo deu, numa palestra a parlamentares, sobre a natureza do I PNRA.

Em janeiro de 1985, participou ativamente de nosso primeiro congresso nacional do MST, em Curitiba, sendo secretário de agricultura e potencial candidato à presidência do Incra.

Percebendo o caráter conservador do governo Sarney e o seu não compromisso com a reforma agrária, preferiu sair a compactuar com o atraso e, no dia 4 de outubro de 1985, dia de São Francisco, deixou o cargo, demonstrando um aspecto importante de sua personalidade: ele não se apegava a cargos, mas a ideias.

Depois, aproximou-se de Lula, passou a colaborar na secretaria agrária e participou ativamente na elaboração do programa de governo apresentado na campanha de 1989 e que serviu de base também para a campanha de 1994.

Costumava dizer que Lula somente ganharia as eleições quando conseguisse libertar os sertões... e foi isso que aconteceu: quando a população do Nordeste aderiu em massa a Lula, foi possível sua vitória, em 2002. Infelizmente Zé Gomes não pode vê-la!

Zé Gomes tinha um espírito crítico e ousado e foi autor de muitas frases emblemáticas sobre situações da luta política e da vida militante. Costumava dizer, por exemplo, que "a reforma agrária era como fazer uma feijoada": você pode ter muitas medidas paliativas (que comparava com toucinho, carnes etc.) mas, completava, "sem o feijão, nunca será feijoada". E assim seria a reforma agrária: sem desapropriar os latifúndios, nunca seria reforma agrária. Seriam apenas paliativos! Ou quando provocava seus colegas e militantes dos movimentos populares para que defendessem seus argumentos, não titubeassem nas propostas: "Arrisquem o diploma, estudaram para quê?". E, assim, as pessoas se sentiam à vontade para defender suas ideias e argumentos, independentemente dos interlocutores, às vezes com títulos e cargos mais poderosos!

No final desta edição, publicamos as capas de três dos seus principais livros. Ele não era um escritor, não se dedicava a isso. Usava os livros apenas para defender argumentos e fazer a luta política e ideológica.

Infelizmente, Zé Gomes nos deixou muito cedo, suas ideias, coerência e exemplo nos fazem falta até hoje, com tantos atropelos e desvios de caminho que a reforma agrária teve. Espero que o seu legado, registrado neste livro, contribua para a luta seguir, entre os militantes, na nossa base, e sobretudo contribua com os gestores públicos que se dizem comprometidos com a reforma agrária nos diferentes espaços institucionais.

Salve, salve, Zé Gomes!

Saudações
João Pedro Stedile

BIOGRAFIA

UMA BIOGRAFIA DE JOSÉ GOMES DA SILVA (1924-1996)

Sônia Moraes[1]

Nasceu em Ribeirão Preto (SP). Em 1946, formou-se em Agronomia na Escola Superior de Agricultura Luiz de Queiroz, da Universidade de São Paulo (USP), recebendo, nessa ocasião, o Prêmio Epitácio Pessoa, oferecido pela Sociedade Rural Brasileira, como primeiro aluno de sua turma, o que já fazia prever a brilhante carreira a ser construída. Em 1950, obteve o título de Master of Science pela University of Ilinois, Estados Unidos, e em 1954 diplomou-se como doutor em Agronomia pela USP. A partir de 1963, participou de vários cursos internacionais sobre reforma agrária patrocinados pela Organização dos Estados Americanos (OEA), pelo Banco Interamericano de Desenvolvimento (BID), pelos ministérios da Agricultura e das Relações Exteriores de Israel e pelo Instituto Interamericano de Ciências Agrícolas da OEA. Foi bolsista da OEA e dos governos de Israel, Itália, França e Espanha para visita aos projetos de reforma agrária desses países, além de bolsista do Institute of Developing Economies, em Tóquio, no Japão. Visitou, por inúmeras vezes, os países da América do Sul para conhecer as experiências de reforma agrária, além

[1] Sônia Novaes Moraes é diretora da Associação Brasileira de Reforma Agrária (Abra).

de visitar Europa, Índia, República Árabe Unida, União Soviética e China.

Além de empresário rural de sucesso, com diversas premiações oficiais pela excelência na atuação relativa ao solo e à produção, e engenheiro atuante, José Gomes da Silva fez vastíssimo currículo no serviço público, que iniciou em 1959, como diretor da Divisão de Assistência Técnica Especializada do Departamento de Produção Vegetal, da Secretaria de Agricultura do estado de São Paulo. Chefe do Serviço de Expansão de Soja, coordenou o programa que lançou as bases econômicas da cultura da soja no Sul do país. Organizou e foi o primeiro diretor da Divisão de Assistência Técnica Especializada (Date) da Secretaria da Agricultura do estado de São Paulo.

Em 1964, foi presidente da Superintendência de Política Agrária (Supra) e responsável pelo Instituto Brasileiro de Reforma Agrária (Ibra). No ano seguinte, foi membro do Grupo de Trabalho de Regulamentação do Estatuto da Terra, instituído junto ao gabinete do ministro do Planejamento e Coordenação Econômica, e assumiu a coordenadoria do Grupo de Trabalho do Programa Específico de Cooperativas Açucareiras de Reforma Agrária. De volta a São Paulo, em 1966, organizou e dirigiu a Divisão de Socioeconomia Rural da Secretaria de Agricultura do estado.

Foi o idealizador e fundador da Abra, em 1967, tendo sido seu diretor-executivo e presidente, reeleito por diversas gestões.

Foi ainda consultor da Organização das Nações Unidas para a Alimentação e a Agricultura (FAO) e do Instituto Interamericano de Cooperação para a Agricultura (Iica) nos estudos do comitê especial da FAO sobre reforma agrária em Roma, na Itália, e consultor da Organização Internacional do Trabalho na preparação de informe sobre capacitação de camponeses para a reforma agrária e a colonização, em Berlim, na República Federal da Alemanha.

José Gomes da Silva exerceu o cargo de diretor da Cooperativa Agrícola de Pirassununga e da Cooperativa Agropecuária de Campinas.

Em 1983, a convite do governador eleito André Franco Montoro, assumiu o cargo de secretário da Agricultura e Abastecimento do estado de São Paulo, no qual criou o Instituto de Assuntos Fundiários, depois Itesp, hoje, Instituto de Terras José Gomes da Silva, em sua homenagem.

Em 1984, como vice-presidente do Conselho Estadual de Energia, ficou encarregado dos programas de biomassa, especialmente do Proálcool e suas implicações fundiárias.

Convidado pelo presidente eleito Tancredo Neves, assumiu em 1985, no governo Sarney, a presidência do Incra e coordenou a equipe que elaborou o I PNRA.

Em 1990, foi coordenador da área de Agricultura e Reforma Agrária do Governo Paralelo da Frente Brasil Popular.

A extensa enumeração dos cargos que José Gomes da Silva ocupou não traduz, nem de longe, a importância de sua contribuição para a questão agrária brasileira.

Importante salientar que, logo no início de sua carreira, fez parte da equipe do então secretário de Agricultura do governo Carvalho Pinto, José Bonifácio Coutinho Nogueira, que elaborou o Programa de Revisão Agrária do estado de São Paulo na década de 1960. Ao mesmo tempo, sua capacitação para programas de reforma agrária e desenvolvimento rural dava-se em todos os sentidos, tanto por sua participação e contribuição na prática dos projetos ensaiados no estado e no país, quanto nas experiências internacionais que pôde conferir *in loco*.

Sobre sua participação na equipe que elaborou o projeto de lei do Estatuto do Terra, era com riqueza de detalhes que José Gomes da Silva transmitia sua crença e idealismo na construção da Lei de Reforma Agrária para o país. Em suas palestras e cursos, nas publicações da Abra e no próprio livro que escreveu – *A reforma agrária no Brasil* (1971) –, lembrava que, desde o envio da proposta legal ao Congresso Nacional, a lei já era fortemente combatida pelas classes proprietárias de plantão. Dizia ainda que havia se repetido na esfera federal, em 1964, o mesmo repúdio e as fortes reações adversas que a revisão agrária do estado de São Paulo tivera em 1960.

Decepcionado com a inércia e o descaso do governo federal em fazer valer o Estatuto da Terra, José Gomes pediu demissão de seu cargo na presidência da Supra e no Ibra. Juntou-se, então, a outros companheiros desapontados e, em 1967, fundaram a Abra – organização não governamental que se manteria, como ele mesmo ironizava, como uma "lamparina sempre acesa" a cobrar do governo a "reforma agrária do Estatuto da Terra".

O doutor José Gomes da Silva nunca deixou de prestar contas, ao seu país e à sociedade, de todo o investimento que o Estado e as instituições internacionais lhe proporcionaram ao prepará-lo e capacitá-lo como técnico de alto nível nos assuntos ligados à agricultura e à questão agrária. Era um obstinado pela justiça no campo. Como se não bastasse a luta, muitas vezes quixotesca, em prol da reforma agrária – principalmente nos duros tempos da ditadura militar no Brasil –, preocupava-se em formar novos quadros e novos entusiastas na matéria, fazia questão de passar seu conhecimento e não media esforços para atender aos inúmeros apelos de universidades, associações, sindicatos ou de quem quer que fosse e que o quisesse ouvir. Foi um eterno sonhador e buscava com persistência as oportunidades para exercer efetivamente seus saberes amplos sobre a matéria. Procurava trabalhar sempre em equipe e, com espírito de liderança, a todos contagiava. Com extremo bom humor, sabia conduzir as mais difíceis situações de enfrentamento ao seu melhor termo. A Abra, sob sua direção democrática, foi uma trincheira importante e um fórum de discussão, de crítica, de divulgação e espaço de aperfeiçoamento dos estudos sobre a questão agrária brasileira.

A Abra de José Gomes foi apoio à luta pela terra, foi lugar de acolhimento e incentivo aos movimentos sociais existentes no país.

O trabalho sério e a respeitabilidade que José Gomes da Silva sempre manteve junto à sociedade, junto aos políticos, com o reconhecimento até dos adversários, motivou, por mais duas vezes, convocatórias para colaborar com a administração pública em momentos de abertura política.

Assim, em 1983, como já salientamos, José Gomes foi secretário de Agricultura e Abastecimento do estado de São Paulo. Razões de saúde ensejaram sua prematura substituição, o que não impediu que criasse logo no início de sua gestão um programa de assentamento inovador no Brasil. A criação do Instituto de Assuntos Fundiários, na sua secretaria, viabilizou o início dos estudos para a elaboração do Plano de Valorização de Terras Públicas do estado de São Paulo, posteriormente transformado em lei estadual. O programa propiciou o assentamento de trabalhadores sem-terra nas áreas públicas do estado.

A segunda convocação deu-se em 1985, e lá estava o doutor José Gomes da Silva a presidir o Incra, com grande expectativa de mudanças. Infelizmente, porém, não era ainda a vez da reforma agrária, ampla e massiva, que se preconizava e que se pretendia implantar. O PNRA – elaborado com a participação de mais de cem técnicos de todas as regiões do Brasil – foi grosseiramente adulterado por pressão das classes conservadoras e José Gomes, mais uma vez, fiel aos seus princípios éticos, deixou o governo e registrou "as crises da reforma agrária na Nova República" em seu segundo livro, intitulado *Caindo por terra* (1987).

Em 1988, a reforma agrária sofreu outro duro golpe, agora na batalha da Constituinte, melhor dizendo, no enfrentamento com os representantes da União Democrática Ruralista (UDR), criada pelos setores mais retrógrados e truculentos do latifúndio no país. Seu terceiro livro, *Buraco negro: a reforma agrária na Constituinte* (1989), é um importante documento de denúncia ao registrar as frustrações da luta dos setores progressistas. José Gomes ofereceu suas memórias aos trabalhadores rurais, na certeza de que o aprendizado poderia ser útil em novos embates do porvir. Também publicou, sobre o mesmo assunto *Comentários à Constituição Federal, arts. l 84 a 191* (1991), em parceria com o ex-procurador-geral do Incra (durante sua gestão em Brasília), Luiz Edson Fachin.

É importante resgatar, nesse contexto, as palavras de Plinio Arruda Sampaio sobre as qualidades do amigo Zé Gomes:

> [Ele] tinha uma virtude, hoje quase submersa nesse pântano em que se transformou a política brasileira: coragem cívica. Não fazia questão de contrariar os poderosos, não se atemorizava diante deles. Voltou para a sua Santana do Baguaçu, na terra roxa de São Paulo, e pôs-se a cuidar do seu café, da sua cana, da laranja, do limão.

Plinio acrescenta ainda que, depois de ter saído do Incra e passado mais decepções com a derrota da reforma agrária na Constituinte, José Gomes não desistiu da luta:

> nessa época, passou a colaborar com o PT e com o Movimento dos Sem Terra. Para o Governo Paralelo, que Lula havia instituí-

> do, coordenou a formulação de três planos: o Plano de Seguridade Alimentar; o Plano de Política Agrícola e o Plano de Reforma Agrária. O primeiro deles constitui[u] a base técnica da campanha do Betinho em 1993 – a Ação da Cidadania contra a Fome, contra a Miséria e pela Vida e do Consea (Conselho Nacional de Seguridade Alimentar). Os outros dois foram as diretrizes da proposta de governo feita por Lula, em sua Campanha de 1994. Com os Sem-Terra, visitou assentamentos. Com os estudantes, falou em universidades. Com os jornalistas, deu entrevistas. Para o público, escreveu livros. Sempre sobre o mesmo tema: o Brasil precisa fazer a Reforma Agrária.

Plinio disse ainda que:

> de todas as qualidades do José Gomes, a que [...] parece mais digna de admiração, foi a capacidade de superar sua condição de classe para perceber e jogar-se inteiro na luta do povo... era um vitorioso, plenamente instalado em sua classe, em sua profissão, em sua terra. Rompeu com tudo por uma convicção, pela paixão por uma causa justa, pelo entusiasmo em ajudar a construir a Nação.

E, em toda essa trajetória de engajamento e amor por seus ideais, contou com o apoio incondicional de sua esposa, Titina Graziano da Silva, e de seus filhos – a médica Maria Anaites Graziano da Silva Turini, a socióloga Vera Lúcia da Silva Rodrigues e o engenheiro-agrônomo e economista José Francisco Graziano da Silva, estes últimos responsáveis pela publicação póstuma do livro que seu pai já deixara finalizado, intitulado *A reforma agrária brasileira na virada do milênio* (1997).

José Gomes da Silva deixou muitos seguidores ainda hoje um tanto fragilizados com sua ausência, mas estimulados sempre por seus valores, sua obstinação, seu espírito de luta, seu civismo e sua enorme solidariedade ao próximo.

Vivamos seu exemplo e inspiremo-nos em sua história!

Fontes de referência

1. Informações de seus familiares;
2. documentos e dados da Abra;
3. artigos e textos publicados na coleção do *Boletim da Abra*;
4. depoimento de Plinio Arruda Sampaio publicado na *Revista da Abra*, v. 26, jan-dez. 1996;
5. convívio pessoal da organizadora desta síntese.

COMPROMISSO INABALÁVEL COM A REFORMA AGRÁRIA

Luís Carlos Guedes Pinto[1]

José Gomes da Silva foi, inequivocadamente, a mais qualificada e dedicada liderança na luta pela reforma agrária no Brasil. E batalhou incansável e apaixonadamente para a realização desse sonho, que se tornou o objetivo principal de sua longa e profícua carreira profissional. Na busca da construção de uma sociedade mais justa e menos desigual, a oportunidade de acesso à terra a todos os que nela labutam passou a ocupar lugar central em suas preocupações e em suas atividades.

Zé Gomes, como era conhecido pelos mais próximos, foi um aluno brilhante na Escola Superior de Agricultura Luiz de Queiroz da USP, formando-se em primeiro lugar na turma de 1946. Pouco depois, num período em que estudar e fazer pós-graduação no exterior era algo relativamente raro, foi para os Estados Unidos, onde obteve o título de mestre em Agricultura.

Retornando, reassumiu suas funções de pesquisador no Instituto Agronômico de Campinas (SP), então a principal e mais relevante instituição de pesquisa no país, onde desen-

1 Luís Carlos Guedes Pinto, engenheiro-agrônomo, professor titular aposentado do Instituto de Economia da Universidade Estadual de Campinas, sócio-fundador e ex-presidente da Abra e ex-ministro da Agricultura.

volveu importantes estudos sobre a cultura da soja, inclusive sobre a fixação biológica de nitrogênio, que foi retomada e aprofundada por Johanna Dobereiner, na Empresa Brasileira de Pesquisa Agropecuária. Foi um dos principais responsáveis pela disseminação dessa importante cultura no Brasil, por meio da criação do Serviço de Expansão da Soja na Secretaria de Agricultura do estado de São Paulo. Tal foi a dedicação a esse programa que passou a ser conhecido como Zé Sojinha.

No final da década de 1950, preocupado com a difusão do conhecimento gerado nos órgãos de pesquisa agropecuária, propôs a criação de uma repartição especial para esse fim, que deu origem à Divisão de Assistência Técnica Especializada no Departamento da Produção Vegetal da Secretaria da Agricultura, em Campinas, próximo ao Instituto Agronômico, da qual foi o primeiro diretor. Além das seções técnicas que eram a maioria, incorporou nessa divisão seções voltadas para a dimensão socioeconômica da agricultura e um Centro de Treinamento que teve grande importância na formação e atualização dos técnicos da Secretaria da Agricultura. Esse centro realizou, em 1963, com o apoio de várias instituições nacionais e internacionais, o primeiro Curso Internacional de Reforma Agrária, que durou 60 dias, incluindo viagens a várias regiões do país, do qual foi um dos organizadores e participantes. Costumava dizer que esse curso foi de altíssimo nível e muito importante em sua formação.

Nesse mesmo período, em 1960, foi chamado para participar da elaboração de um projeto de lei que tinha como objetivo, por meio da revisão do Imposto Territorial Rural (então de competência do Estado, desde a aprovação da Constituição de 1891), implementar um programa que facilitasse e proporcionasse o acesso à terra aos trabalhadores rurais, arrendatários, parceiros e minifundiários. O projeto, muito bem elaborado, foi aprovado na Assembleia Legislativa após intensos debates, com forte oposição dos segmentos ruralistas, e passou a chamar-se Lei da Revisão Agrária.

Ela começou a ser implementada imediatamente, com a desapropriação de uma fazenda no município de Campinas e a implantação do primeiro assentamento, muito bem-sucedido, e que deu origem a um bairro hoje denominado Reforma Agrária, próximo ao Aeroporto Internacional de Viracopos. Tomando conhecimento da experiência de São Paulo e de seus bons resultados, outros estados, como Pernambuco, Rio Grande do Sul e Goiás, começaram a estudar e elaborar projetos similares. Menos de dois anos depois, em 1962, o presidente do Senado Federal, grande proprietário rural, típico representante dos latifundiários, desenterrou da gaveta um antigo projeto de lei e, sem debates, num relance, em uma sessão vazia e inexpressiva, pôs em votação e fez ser aprovada a transferência da competência do Imposto Territorial Rural dos estados para os municípios, liquidando o Programa de Revisão Agrária do estado de São Paulo já em curso e os projetos de outros estados! Muito pouco conhecido, esse episódio merece atenção e reflexão, pois veio a repetir-se por diversas vezes ao longo das últimas seis décadas, expressando o caráter conservador e reacionário das chamadas elites brasileiras, especialmente aquelas associadas ao controle da propriedade da terra, terra essa muitas vezes fruto de posse ilegal por meio da grilagem de terras públicas, da invasão, da violência contra indígenas, quilombolas, posseiros e pequenos proprietários.

Em 1964, face à experiência adquirida na elaboração e implementação da Revisão Agrária Paulista, foi chamado a participar do grupo de trabalho instituído pelo então presidente da República, Castelo Branco, e coordenado pelo ministro do Planejamento, Roberto Campos. Foi também nomeado superintendente da Supra, criada no governo anterior, de João Goulart. Participou ativamente do grupo de trabalho, que em tempo relativamente curto entregou o Projeto de Lei do Estatuto da Terra, aprovado pelo Congresso Nacional e sancionado em 30 de novembro de 1964. Paralelamente, como superintendente, dinamizou a Supra, retomando projetos de assentamentos paralisados e determinando a elaboração de outros, o que assusta os representantes da oligarquia rural. Com a aprovação do Estatuto da Terra e a consequente criação do Ibra (e extinção da Supra), esperava-se a designação de José Gomes da Silva para a presidência do instituto. Face às fortes pressões sobre o presidente da República, outro membro do grupo de trabalho, engenheiro competente, mas sem nenhuma experiência efetiva sobre a questão agrária, foi nomeado, em mais uma vitória das elites latifundiárias e seus associados.

Em 1967, menos de três anos após a aprovação do Estatuto da Terra, face à inação do governo e a não realização do previsto na lei, José Gomes da Silva propôs a criação da Abra, com o propósito de lutar pela execução do previsto na legislação recém-aprovada. Além de assessorar as instituições representativas dos trabalhadores rurais, a Abra iniciou a publicação de um modesto boletim, no qual difundia seus ideais, divulgando textos de seus associados e outros colaboradores. O modesto boletim, com o tempo, transformou-se em importante revista, que se tornou referência para todos os estudiosos da questão agrária.

Convidado pelo BID, ele foi para Washington, onde passou o biênio 1968-1970 assessorando programas de política agrícola e reforma agrária em países da América Latina.

Nesse período, escreveu seu primeiro livro, *A reforma agrária no Brasil,* publicado em 1971.

Ao retornar para o Brasil, retomou suas atividades em prol da reforma agrária proferindo palestras, ministrando cursos, participando de congressos, conferências e outros eventos, e assessorando sindicatos, federações e a Confederação dos Trabalhadores na Agricultura. Ainda na década de 1970, profundo conhecedor da lavoura canavieira e da produção do açúcar e do álcool, participou dos estudos que deram origem ao Proálcool, instituído em 1975, assessorando o então senador André Franco Montoro, que posteriormente foi eleito governador de São Paulo, em 1982, nas primeiras eleições diretas depois da golpe militar, e que o convidou para ser seu secretário da Agricultura, cargo que assumiu em março de 1983. Infelizmente, por motivos de saúde, não chegou a completar seis meses no cargo. Entretanto, nesse curto período dinamizou a instituição implementando vários novos programas, determinou a realização de estudos para a utilização de terras públicas do estado para a realização de assentamentos, alguns imediatamente implantados, e criou o Instituto de Assuntos Fundiários, hoje Fundação Instituto de Terras do Estado de São Paulo José Gomes da Silva.

Em 1985 foi nomeado presidente do Incra e imediatamente instituiu um grupo de trabalho altamente qualificado para elaborar o PNRA, de acordo com a previsão legal. Concluído, o plano, extremamente ambicioso, propunha o assentamento de 1.400.000 famílias no período de 1985 a 1989. Submetido à aprovação do presidente da República, as mesmas forças que em 1962 e em 1964 impediram o avanço das propostas de reforma agrária articularam-se junto à presidência e às suas assessorias e introduziram mudanças na redação final do PNRA que o tornaram inviável, o que levou ao pedido de demissão de José Gomes da Silva.

Em 1987 e 1988, participou ativa e intensamente dos debates sobre o capítulo relativo à política agrária, provavelmente o mais acaloradamente discutido durante a redação da Constituição Federal de 1988. E, uma vez mais, as forças reacionárias saíram vencedoras ao conseguirem introduzir e aprovar, no artigo 185 (que diz que a pequena e a média propriedades são insuscetíveis de desapropriação), um curtíssimo inciso que estende sua abrangência à "propriedade produtiva", sem definir o que é a propriedade produtiva contradizendo o expresso no artigo 186, segundo o qual a função social é cumprida quando a propriedade rural atende simultaneamente a alguns requisitos (como a utilização adequada dos recursos naturais, a preservação do meio ambiente, a observância da legislação trabalhista, índices de produtividade mínimos e o bem-estar aos que nela trabalham) e que a propriedade que não cumpre a função social está sujeita à desapropriação para fins de reforma agrária. A introdução dessas duas palavras – "propriedade produtiva" – e a não definição do conceito tornaram-se, e são até hoje, um dos principais obstáculos para a desapropriação e consequente obtenção de terras para os assentamentos e a implantação de um efetivo programa de redistribuição da propriedade rural no país. Em resumo: após meses de incontáveis e acaloradas discussões, com duas palavras a reação inviabilizou o sonho dos trabalhadores rurais.

Inquieto e perseverante, continuou com sua pregação pela reforma agrária e abriu uma nova frente de trabalho na área da segurança alimentar, agregando vários estudiosos e organizações em torno dessa relevante questão. Assessorou o

PT na elaboração do programa de governo da campanha de 1989 e, posteriormente, em 1994.

Apesar das derrotas, que ele mesmo relata em seus livros, José Gomes da Silva não se abateu nem desistiu nunca. Continuou escrevendo, participando dos mais variados eventos em todos os ambientes e regiões do país, pregando a necessidade iniludível da reforma agrária como instrumento fundamental para a construção de um Brasil mais justo e democrático. Não se recusava a debater nem mesmo com lideranças retrógradas das organizações representativas dos grandes proprietários e com seus asseclas, estes muitas vezes mais radicais que aqueles. Nesses enfrentamentos, demonstrava profundo conhecimento das questões agrárias e agrícolas, inclusive como produtor exemplar, várias vezes premiado pela excelência da administração à frente de seu estabelecimento rural. Nessa jornada contínua e interminável, esteve sempre disposto a expor a todo e qualquer público seus argumentos, sempre acompanhados de exemplos, números e tabelas, demonstrando os aspectos positivos de um programa dirigido ao uso da terra de acordo com sua função social, conforme estabelecido no Estatuto da Terra e na Constituição Federal.

No dia 13 de fevereiro de 1996, foi a São Paulo, a convite da Associação dos Empresários pela Cidadania, proferir mais uma palestra sobre a importância da reforma agrária no processo de desenvolvimento nacional.

Chegamos em Campinas, voltando de São Paulo, pouco depois das 23 horas. Deixei-o na porta do edifício onde residia e, no dia seguinte, pela manhã, inesperada e surpreendentemente veio a falecer, legando uma imensa contribuição no processo de construção de uma sociedade mais justa e deixando um enorme vazio no seio dos que lutam por esse ideal.

Concluindo, desejo destacar duas características que sempre chamaram minha atenção no seu comportamento: a busca de apoio para a reforma agrária em todos os setores da sociedade e a abertura para recebê-los; e o otimismo permanente e contagiante, apesar das frustrações e dos insucessos que vivenciou, relatados em seu livro *A reforma agrária brasileira na virada do milênio*. Esses traços, brevemente relatados, são uma síntese que distingue, sem dúvida alguma, aqueles que contribuem para a construção de um mundo melhor.

ENTREVISTA À REVISTA *TEORIA E DEBATE*[1]

Renato Simões[2]

O engenheiro-agrônomo, que foi conhecido como "Zé Sojinha", é um dos principais defensores da reforma agrária no Brasil. O coordenador do Plano de Segurança Alimentar do Governo Paralelo, ex-secretário de Agricultura e ex-presidente do Incra conta sua trajetória.

Mais de um ano nos separa do início desta entrevista, concedida por José Gomes da Silva à Teoria e Debate. *Das primeiras gravações, colhidas no escritório de sua empresa no Centro Empresarial do Carmo, em Campinas, até a conclusão de seu depoimento, na Fazenda Santana do Baguaçu, em Pirassununga, construiu-se uma expectativa pelas reminiscências deste paladino das lutas pela terra no Brasil.*

Ver-se-á, pela entrevista, que o parto foi bem-sucedido e Teoria e Debate *pode apresentar a seus leitores uma visão panorâmica de 30 anos de militância pela democratização da propriedade da terra no Brasil, em que a figura de José Gomes se soma a tantos intelectuais, trabalhadores(as) rurais, sindicalistas, religiosos(as) e militantes políticos que compuseram uma poesia à Terra-Mãe e um libelo contra o latifúndio.*

---

1 Entrevista publicada na edição 21, de 1º de maio de 1993.

2 Renato Simões era membro do conselho de redação de *Teoria e Debate*.

Nada mais oportuno, em tempos de luta contra o projeto neoliberal, de revisão constitucional e de preparação para as eleições presidenciais de 1994, do que retomar, pela presença de Zé Gomes nestas páginas, o debate sobre este que será, sem dúvida, um dos principais eixos do movimento democrático-popular que fará Lula presidente do Brasil: a reforma agrária.

R. Simões – *Uma coisa que instiga a curiosidade é a incompatibilidade teórica advinda do fato de um empresário bem-sucedido na agricultura, como o senhor, ser um dos grandes bastiões da luta pela reforma agrária.*

Zé Gomes – Essa questão não chega a me preocupar, mas é uma coisa que eu levo na devida conta. As pessoas se admiram e a explicação que eu mesmo dou, fazendo um retrospecto de como isso aconteceu, é de que sou, basicamente, um profissional da terra, um engenheiro agrônomo, que viu na questão fundiária um eixo fundamental do desenvolvimento do país, e está convencido disso. Tudo que tenho escarafunchado, aqui e no exterior, leva a solidificar essa posição. Eu diria que isso é convicção profissional. Quanto ao fato de eu ter quatro fazendas boas, muito boas por sinal, eu não tenho culpa.

A família do senhor já era proprietária de terras?

Meu pai imigrou para o Brasil iludido com a história de que encontraria patacas de ouro assim que descesse do navio, em Santos. A família tinha uma pequena propriedade em Portugal. Ele era basicamente um operário especializado, um artista que fazia peças de vidro numa cidade vidreira de Portugal. E veio para cá com 18 anos, recém-casado com minha mãe, recolher as patacas de ouro.

E foram para onde?

Meu pai, além de ser um operário especializado, era músico na banda da fábrica. Ele tinha dois salários e um bom nível de vida. Eu cheguei a conhecer a casa de meu pai em Portugal, e diria que era de uma família de classe média baixa europeia. Quando chegou ao Brasil, foi trabalhar como colono numa fazenda de café. Pior, foi trabalhar como colono de um cafezal abandonado, numa paisagem das mais tristes, mais ásperas. Um dos trabalhos mais duros é carpir café. Por sua conformação, logo que é abandonado, ele fica coberto de cipó, que é o lugar ideal para marimbondo fazer casa. A pessoa tem de carpir em volta, arrancar o cipó com a mão, depois tem de confiar e enfiar a mão ali e, geralmente, encontra a caixa de marimbondo. Meu pai contava que ele vivia com a cabeça inchada não só do arrependimento, mas também por causa dos marimbondos. Ele teve uma vida muito difícil. Primeiro como colono, depois como torneiro e, finalmente, como arrendatário.

Sua vocação para a terra vem daí?

É. Meu pai, depois de ter sido colono, empreiteiro, arrendatário, foi para a cidade, forçado pela história dos nove filhos que precisavam estudar, e se tornou um comerciante, mas sempre com aquele feitio de agricultor.

Qual era a cidade?

Ribeirão Preto. Até depois de velho, retirado, ele fez mais uma tentativa na agricultura, se tornando meeiro de algodão. E, apesar de todo esse esforço, nunca chegou a ter um pedaço de terra. Essa dificuldade me marcou muito.

O senhor cresceu em Ribeirão Preto?

Sim, mas sempre com essas lembranças, e ouvindo essas histórias. Ribeirão era uma cidade pequena e tinha um ambiente um pouco rural. Essa foi a primeira grande influência. A segunda veio de alguns colegas, algumas pessoas que estudaram agronomia e que eu via como bem-sucedidas. Quando me formei no ginásio, meu pai queria que eu fizesse concurso para o correio e eu queria ir para Piracicaba. Era uma coisa muito definida, e acabei indo estudar com muita dificuldade, à noite. Eu tinha uma ligação, qualquer coisa intrínseca com a terra, tanto que mesmo morando na cidade eu frequentava muito, em Ribeirão Preto, um bosque que tinha um orquidário, naquela ocasião um dos melhores do Brasil. E eu procurava ir estudando coisas desse tipo. Era uma ligação vocacionada para a agricultura.

O senhor teve algum tipo de participação na política estudantil durante o tempo em que esteve na Escola Superior de Agronomia Luiz de Queiroz?

Essa é uma das contradições que eu alinho na minha vida. Todas as pessoas com quem me encontro perguntam como é que vai a política e digo que nunca fui político. Nunca disputei um cargo, nem no centro acadêmico. E as pessoas me veem como um político. Fui um tecnocrata, hoje sou um agricultor.

O seu contato com a família de sua esposa vem dessa época em Piracicaba?

Sim. Minha mulher é de Araras e tinha um irmão que estudava em Piracicaba. Numa dessas idas para visitar o irmão, eu a conheci.

Quando o senhor se casou, foi trabalhar nas terras do seu sogro?

Meu sogro não tinha propriedade que desse para alguém trabalhar. Tinha uma fazendola e, inclusive, ele não vivia na fazenda, que tinha uns 60, 50 alqueires. Não tinha condições de ter um agrônomo.

O que o senhor foi fazer depois de casado?

Entrei para o Instituto Agronômico, mas com a condição de trabalhar com soja. Havia um poeta, chefe de gabinete do secretário de Agricultura, que achava que a soja ia ser a grande fonte de óleo, de proteína, no Brasil, e estava procurando um cara estudioso, caxias, que pudesse cuidar disso. Eles me deram o emprego, nesse tempo não havia concurso.

Em que ano foi?

Foi em 1947. Antes eu trabalhei alguns meses num serviço de levantamento de safras do consulado americano. O consulado tinha uma seção de agricultura, e eu, apesar de ser agrônomo, fazia estimativa de safra.

Foi nessa época que o senhor ficou conhecido como o Zé Sojinha?

Exatamente. Ganhei uma bolsa, fui para os Estados Unidos, estudar na Universidade de Illinois, cuja região era a maior produtora de soja do mundo na ocasião. Lá nasceu meu filho Graziano. Quando voltei, havia no Brasil uma crise tremenda do óleo, porque a cultura do algodão entrou em parafuso e o amendoim não conseguia substituí-lo. Todos os estudos apontavam para a soja. Houve, então, um episódio muito engraçado. O governador [de São Paulo] era o Jânio Quadros. Alguém tinha assoprado para ele essa história da soja, mas com a intenção de montar uma indústria, para fazer um alimento à base de soja aqui no Brasil. E o Jânio, com aquele sistema dele, chamava o pessoal do interior pela Rádio Patrulha, já que não tinha telex. Um dia apareceu a Rádio Patrulha na minha casa, para me entregar um telegrama do Jânio, me convocando para encontrá-lo. Uma das propostas que eu fiz a ele foi de criação de um serviço autônomo, chamado Serviço de Expansão da Soja, e ele, numa daquelas loucuras, tacou no Diário Oficial. Esse serviço reunia pesquisa, industrialização e fomento. Quando a indústria viu aquilo, percebeu que o negócio era para valer. A indústria procurou o governo e se ofereceu para ajudar. Foi assim que o trabalho deslanchou.

A importância da soja cresceu.

Houve dois fatos históricos, que foram mais importantes do que nosso trabalho. Um foi que a proteína de alto valor, no mundo inteiro, na época, era a farinha obtida a partir de um peixe do Peru, cuja pesca se fazia numa corrente quente. Essa corrente, não sei por que, mudou e não conseguiram mais pescá-lo.

Precisavam urgentemente de uma outra proteína. E a proteína que tinha as características da farinha de peixe era a soja. O preço da soja foi lá para cima e a cultura se tornou economicamente importante em São Paulo e no Brasil. O outro fato foi as duas grandes geadas, de 1953 e 1955, no Paraná. Precisaram colocar uma cultura no meio das linhas do café. Nós tínhamos sementes de soja, mandamos vagões cheios delas para o Paraná. Acabaram criando uma produção que permitiu a instalação de uma indústria.

O que aconteceu depois?

Bem, por força desse brilhareco, eu fui sendo convocado para postos administrativos, passei a ser diretor da antiga Divisão de

Fomento Agrícola. Enquanto acontecia isso na minha carreira de funcionário, de agrônomo, no Instituto Agronômico e depois na Secretaria da Agricultura, comecei a ir ao Paraná. Simplesmente visitar, ia acompanhando meu sogro. Eu me empolguei com aquilo, com a visão da realidade, terra roxa, aquela euforia da abertura do Norte do Paraná. E acabei comprando um pedaço de terra lá, muito longe, não onde meu sogro estava, que era perto de Londrina, mas em Camburão, no atual município de Quintas do Sol. Para isso também tive ajuda de um mentor, uma pessoa que talvez tenha tido a maior influência na minha vida profissional, um agrônomo chamado Irineu Souza Dias, que era também um romântico. Ele foi assessor de uma porção de ministros, de secretários, e foi ele que me obrigou a estudar a soja. Ele também era proprietário no Paraná. O sogro dele queria fazer o que ele chamava de República Agronômica, de diversos companheiros, principalmente pessoas estudiosas, da liderança dos agrônomos daqui de São Paulo. Todos junto dele, cada um tendo uma área de terra. Naquele tempo, a terra era muito barata e eu consegui comprar. Como eu tinha passado dois anos nos Estados Unidos fazendo mestrado, podia trazer coisas, bagulhos, e eu trouxe um automóvel zero quilômetro, que era o único carro importado de Campinas. Vendi o carro e comprei a área. Plantei um pouco de café com muita dificuldade e com a ajuda do Irineu. Aí houve uma valorização cambial tremenda do café. Eu revendi 40 alqueires das minhas terras e com o dinheiro pude começar a plantar e plantei 107 mil pés de café.

O senhor conseguia conciliar as duas atividades, fazendeiro e funcionário público?

Sim. Mesmo a distância, com todas as dificuldades, eu conseguia levar as duas coisas. Até que não deu mais para conciliar, porque a região de Camburão é fria e a estrada ficava um fio de gelo, era muito perigosa e eu já tinha capotado duas vezes. A terceira vez foi com a minha mulher e aí ela me deu um ultimato, que eu não podia mais continuar daquele jeito. Então meu sogro e eu trocamos as duas fazendas, a dele e a minha, por outra em Pirassununga. Era uma fazenda totalmente abandonada, cheia de erosão, que ninguém queria comprar, ao lado de uma usina que vivia em greve. A usina desvalorizava a área. Isso aconteceu em 1959.

Como foi seu trabalho na "revisão agrária" que houve no governo de Carvalho Pinto?

De alguma maneira foi bom. O governo Carvalho Pinto foi uma continuação do meu trabalho com a soja. A partir de 1955, eu fiquei como diretor da Divisão de Fomento Agrícola. Quando o Carvalho Pinto foi eleito, um dos seus assessores era o Plinio Arruda Sampaio, e ele incluiu no Plano de Ação uma proposta de tocar a questão fundiária em São Paulo. A ideia era que São Paulo tinha de dar o exemplo, como já havia feito na questão do desenvolvimento industrial, na questão universitária, e em diversas outras áreas. Ao lado do Ceagesp [Companhia de Entrepostos e Armazéns Gerais de São Paulo], da rede de silos e armazéns, da reestruturação do serviço de assistência à agricultura, havia uma rubrica chamada "revisão agrária".

Quer dizer que a ideia da revisão agrária partiu do Plinio?

O governo Carvalho Pinto tinha três pessoas, não digo de esquerda, mas de pensamento avançado, que eram o Plinio, com a formação que todos nós conhecemos, o Diogo Gaspar, que tinha trabalhado no Banco do Nordeste, e o Sebastião

Advíncola Cunha. A ideia da revisão agrária saiu deste conjunto, mas sobretudo da cabeça do Plinio.

Essa terminologia, "revisão agrária", era, de alguma forma, uma fuga da questão da reforma agrária?

Era uma saída tática, ou uma solução semântica, porque o documento que inspirou a revisão agrária se chama *Progressos em reforma agrária* e é publicado a cada três anos pela [Organização das] Nações Unidas, dizendo o que está acontecendo na questão da reforma agrária no mundo inteiro. O Diogo Gaspar trouxe um exemplar de Nova York, o José Bonifácio leu e ficou fascinado. Eu tive que o datilografar porque não tinha xerox naquele tempo e só havia um exemplar aqui no Brasil. Mas, para o Carvalho Pinto, para a figura dele, para a estrutura política da época, a reforma agrária era uma palavra um pouco forte, como bandeira de esquerda.

Em que consistiu a "revisão agrária"?

Um dia eu entrei para despachar com José Bonifácio e ele estava com a mão na cabeça, deprimido por causa da tal "revisão agrária". Havia um projeto de lei sobre reforma agrária, um projeto bom, chamado Lei da Revisão Agrária. O Carvalho Pinto convocou uma reunião no Palácio Campos Elíseos onde foi distribuído o texto do anteprojeto de Lei da Revisão Agrária. No dia seguinte, na abertura da sessão da Assembleia Legislativa, a deputada Conceição Santamaria fez um discurso violento, dizendo que aquilo era comunismo, subversão. A partir dali foi uma pauleira. Houve uma oposição cerrada contra o programa. Nesse momento, quando o secretário estava deprimido, eu argumentei que a ideia era boa, eu a tinha lido. Conhecia alguma coisa. Disse a ele que nós tínhamos acabado de montar no instituto um serviço de comunicação moderno e podíamos colocá-lo para funcionar, para defender o programa. Ele topou e eu montei um esqueminha. Basicamente era pegar o pessoal que tinha alguma habilidade para expor – e nós tínhamos treinado pessoal para isso. Chegamos a contratar professor de oratória. Pegamos alguns rapazes bons, que acreditavam na ideia, e começamos a promover debates, em que o opositor era sempre um fazendeiro.

Vocês conseguiram reverter a situação?

Não digo que o quadro tenha sido revertido, mas começaram a surgir aliados, principalmente na área da Igreja. Havia uma tal de Federação dos Círculos Operários, nós íamos lá. Os recursos audiovisuais eram novidade, aquilo convencia mais do que nossos números. O fato é que deu para defender. O projeto passou e a partir daí foram realizados cinco assentamentos. E [foi] tentada a regularização fundiária do Vale do Ribeira, que era uma das ideias do Plinio. Como eu era diretor desse pessoal, tinha forçado muito, principalmente o pessoal de comunicação, a estudar. Acabei me envolvendo demais. No final de contas, eu era a pessoa com quem o secretário lidava, cobrava, e mandava grandes pepinos. Inventaram, numa ocasião, no auge do debate, um trem para a revisão agrária. Arranjaram um trem que saiu de São Paulo para ir a Presidente Prudente, parando em diversas cidades para discutir o projeto. E, na hora de lotar o trem, só apareceram dois agrônomos: eu e o falecido professor Silvério, que ensinava na Faculdade de Direito. Era uma pessoa que não estava ligada à questão da terra e se tornou um mestre fundador do direito agrário no Brasil. Nós dois, nesse trem, só com latifundiários, pessoal contra, feroz, hostil. A viagem terminou em Presidente Prudente, numa grande reunião. E o secretário, mais uma vez, não foi. Mandou uma gravação para explicar. Um fazendeiro de Pontal do Paranapanema, que era presidente da Associação Rural – não havia sindicato naquela ocasião –, disse que não aceitava gravações, que se tocasse aquilo quebrava. Olha o clima que esse projeto despertou.

Mas a Igreja, naquela época, aprovou um documento que dizia que era melhor fazer a reforma agrária antes que os comunistas a fizessem.

É, o argumento era esse. Tinha de modernizar o capitalismo. Alguma coisa precisava ser feita e era melhor que fosse feita por nós. Era isso, eu não tinha dúvida nenhuma.

Nessa época, o senhor teve algum tipo de vinculação partidária?

Não. Eu nunca tive vinculação partidária. Na campanha do Jânio, chegamos a fundar um pequeno comitê agrícola. O Jânio era professor, não tinha ligação nenhuma com a agricultura, e nós notamos que fazia falta, sim, marcar posição sobre a questão. Eu era um assessor independente, que acreditava nessas coisas. Só me filiei uma vez, com grande arrependimento, ao PMDB [Partido do Movimento Democrático Brasileiro], quando fui secretário do governo Montoro.

Quais as grandes linhas do projeto?

O projeto tinha duas linhas. Uma era a desapropriação por interesse social. A outra diretriz era a tributação fortemente progressiva. Era muito mais barato se adaptar à lei do que pagar impostos. Por exemplo, a minha era uma fazenda tradicional, que pertencera a uma família ilustre que chegou a construir um prédio na cidade de São Paulo às custas da renda dessa fazenda. Nela há um corredor com 34 casas, que não eram servidas de água. Na ocasião nós fizemos a conta e era mais barato adaptar essas casas aos padrões de conforto que a Lei de Revisão Agrária exigia do que pagar o imposto. Então, não foi altruísmo, patriotismo, nada disso. Foi simplesmente uma lógica capitalista.

Era mais barato botar piso na casa, água encanada. E a lei permitia que se deduzisse do imposto territorial esse tipo de investimento.

Qual sua posição na época do governo João Goulart, quando a questão da terra começou a tomar uma dimensão nacional muito aguda?

Eu torcia. Por exemplo, estava em discussão um projeto de reforma agrária na Câmara, do qual o Plinio era relator. A gente torcia, mas existia algum temor, pela figura do Jango, de que a ideia estivesse certa mas a pessoa não fosse confiável. Esse era o clima no meio em que eu vivia. Até que o Carvalho Pinto se tornou ministro da Fazenda desse homem em quem nós não confiávamos – e ele era o nosso padrão de decência, de coerência etc. De certa maneira avalizou o governo Jango. Não só na nossa opinião, mas para muita gente conservadora.

Qual foi a participação do grupo brasileiro no curso internacional de reforma agrária, feito em 1963 em Campinas, e quais foram seus desdobramentos no processo de articulação de um grupo interessado na questão agrária no Brasil? Quais as principais discussões nesse curso e por que foi importante?

Bom, os principais tópicos foram exatamente as experiências de reforma agrária de uma série de países, inclusive exposições ministradas por pessoas, técnicos, que participaram das reformas de países como Japão, Coreia, e um embasamento econômico bastante detalhado para que os participantes pudessem entender a influência da terra num processo de desenvolvimento econômico. Participaram 12 países latino-americanos. O Brasil tinha um grupo mais numeroso, composto por técnicos da Supra, que era o órgão encarregado da reforma agrária na época da Secretaria da Agricultura de São Paulo, principalmente da Assessoria de Revisão Agrária, do instituto gaúcho de reforma agrária, de alguns governos de estado como Goiás, que por meio da iniciativa dos *kibutz* de Mauro Borges tentava fazer alguma coisa na questão agrária e assim por diante. Os desdobramentos mais importantes foram, primeiro, a participação dos ex-alunos desse curso na elaboração do Estatuto da Terra. E, segundo, a semente da fundação da Abra. Sem se falar na realização do próprio curso, que, de alguma forma, legitimava, ou tecnificava, as ideias de revisão agrária que estavam no bojo das reformas de base do governo João Goulart.

O contato in loco *com ocupações de terras, no Rio Grande do Sul e no Recife, também fez parte da realização do curso?*

Exato. Foi um curso muito sofisticado e muito caro, porque, além das aulas teóricas, por pessoas que vieram do mundo inteiro, dos 60 dias em Campinas, nós fomos ver as ocupações que aconteciam no Rio Grande do Sul, dirigidas pelo antigo Master, no governo Brizola. No Rio Grande do Sul aconteceu uma coisa muito interessante do ponto de vista do tratamento político da reforma agrária. Depois que nós vimos as ocupações e tivemos todo esse embasamento teórico em Campinas, antes de irmos ao Nordeste ver as Ligas Camponesas, houve uma avaliação do curso. O grupo foi dividido em quatro equipes. Cada equipe tinha de apresentar um projeto concreto de reforma agrária para a antiga fazenda Sarandi. Era uma área muito grande, de um uruguaio cujo título de domínio era questionável e que tinha sido ocupada pelo primeiro Movimento Sem Terra do Rio Grande do Sul. Cada grupo propôs uma solução. Um propôs uma solução coletiva para a área, para os 50 e poucos mil hectares. Outro grupo, do qual eu fiz parte, propôs a utilização segundo unidades familiares, que era a ideia mais romântica, mais próxima do código de reforma agrária da época. O terceiro grupo fez um projeto para exploração cooperativa, e o quarto, uma fazenda mista. O coletivo, eu não preciso dizer, era formado por um pessoal bem bravo. E nós tivemos de fazer a apresentação pública desse projeto, em Porto Alegre. Houve, naturalmente, um embate com o grupo da coletivização, que era o grupo mais à esquerda do governo Goulart, da antiga Supra. Posteriormente, nós mandamos esse projeto para o próprio Movimento Sem Terra. Aquela área, que até hoje está em litígio, tinha sido objeto de estudo de um grupo muito preparado, talvez os únicos especialistas que existiam no Brasil. Era um grupo multiprofissional, com advogados que fizeram a parte jurídica, pessoal de campo que fez a parte de solos, sociólogos, economistas, extremamente detalhado.

Qual foi a importância do curso para a formação do grupo?

Esse curso marcou muito os participantes, deu uma preparação teórica no caso da reforma agrária que eu nunca tive. Ele formou outro especialista que teve muito êxito, o Fernando Pereira Sodero. Fernando era consultor jurídico da secretaria, não tinha nenhuma ligação maior com as questões da terra a não ser trabalhar num órgão de governo ligado à agricultura. Mas, ao fazer o curso, teve uma espécie de estalo. Ele passou a usar todo o conhecimento que tinha como advogado da Secretaria da Agricultura na formulação do que é hoje o direito agrário brasileiro, do qual é considerado pai. Eu acho que, intelectualmente, o maior subproduto do curso foi esse estalo do Sodero, que era um burocrata e se transformou num mestre com uma dezena de livros publicados. Depois se transformou em consultor da FAO, e andou pregando pelo mundo inteiro. Ele também participou do Estatuto da Terra. Os dois advogados que deram um cheiro de terra para o Estatuto foram o Sodero e um outro advogado paulista do Patrimônio Imobiliário, um grande especialista em desapropriações. Foi ele quem fez, no governo Fernando Costa, as grandes desapropriações para instalar as escolas práticas de agricultura em São Paulo, a Faculdade de Medicina de Ribeirão Preto, a USP de Pirassununga, o presídio de Bauru, o presídio de Itapetininga.

Como o senhor viu e participou do momento da destituição do presidente João Goulart e ascensão do grupo do Castelo [Branco] à presidência da República?

Nós, que tínhamos feito aquele curso, estávamos atentos porque, das reformas de base, a mais badalada era a reforma agrária. Havia o projeto do João Goulart na Câmara, cujo relator era o Plinio Arruda Sampaio, mas se conhecia pouco sobre sua formulação técnica. Existia um projeto de lei que não chegou a ser explicitado porque dependia da mudança da Constituição para permitir o pagamento das desapropriações em títulos, já que a Constituição da época exigia o pagamento em dinheiro. Mas nós estávamos acompanhando. No dia 31 de março eu vi, me lembro muito bem, minha sala era na avenida Brasil, no prédio mais alto, os tanques descerem. Alguma coisa estava acontecendo. Então, houve um movimento militar no dia 1º, e no dia 9 saiu o primeiro comunicado da Junta, dizendo que a revolução tinha sido feita para acabar com a subversão e realizar as reformas democráticas. O Congresso continuou a funcionar, colocou em tramitação um projeto de reforma agrária chamado Projeto Badra, que era um horror, superconservador. Foi a nossa primeira reação. Nos juntamos para examiná-lo e mandar um telegrama aos generais, dizendo que era um absurdo, um retrocesso. Motivados por essa análise do Projeto Badra nós começamos a nos reunir. Surgiu a ideia de preparar um projeto de reforma agrária e mandar para os generais de maneira a provocar ou testar, qualquer coisa. A partir de todo aquele ensinamento que nós tínhamos tido no curso e da experiência que nós tínhamos recolhido começamos a elaborar o projeto. Do grupo, eu era o único a conhecer a experiência de outros países. Viajei para Israel, Espanha, França e Itália; neste último, fiquei muito impressionado com os resultados concretos e políticos alcançados pela reforma agrária.

Vocês tinham expectativa de que o governo tivesse algum tipo de vontade política real em relação à reforma agrária?

Não, não tínhamos expectativa nenhuma. A começar pelo fato de ele ter apoiado o Projeto Badra. Mas nós sentíamos alguma necessidade de sermos úteis. Havíamos feito um curso que custara um dinheirão, déramos a volta ao mundo. O que fazer com tudo isso? E toda noite trabalhávamos nisso. O Sodero, outro rapaz de Piracicaba, vinha de São Paulo, às vezes participava o pessoal da Federação dos Trabalhadores. Eu sei que fizemos um texto, um esboço de projeto de reforma agrária. Um rapaz muito brilhante, que tinha sido orador do Centro Acadêmico lá em Piracicaba, o José Drummond Gonçalves, rapaz católico, ligado a esse movimento de Igreja, se incorporou ao grupo. Ele era muito ligado ao pessoal da Consultec, a firma de consultoria do Roberto Campos. Uma tarde tocou o telefone e ele foi atender. Voltou e disse que era o Roberto Campos e que ele queria falar comigo. Ele me disse que estava encarregado de coordenar as reformas, inclusive a reforma agrária, e tinha tomado conhecimento de que nós estávamos com um anteprojeto. Convidou o grupo para se juntar ao grupo dele no Rio. Ninguém queria ir. Eu sugeri que escolhêssemos uma pessoa para ir e ficar como elemento de ligação. Eu fui o escolhido. O Ministério do Planejamento era no predião do Ministério da Fazenda. A primeira reunião aconteceu num domingo. Roberto Campos chegou de boné de marinheiro. Ele estava dando uma volta de iate na baía de Guanabara, parou ali na praça XV, desceu e foi abrir a reunião do grupo de reforma agrária. Um mau começo.

Descendo do iate...

É. O grupo do Rio era um grupo de altíssimo nível. Tinha Garrido Torres, que foi presidente do BNDES [Banco Nacional de Desenvolvimento Econômico e Social], e o Paulo de Assis Ribeiro, uma figura muito polêmica, mas de grande capacidade de trabalho, um gênio. Era o pé de boi da Consultec. O secretário era um sobrinho do Castelo, Júlio Vianna, que tinha acesso ao tio, ia na casa dele a qualquer hora, ia ao palácio. O fato é que apresentaram o primeiro projeto de lei no Congresso, uma bomba. No dia em que foi apresentado, o presidente da Sociedade Rural Brasileira declarou, em São Paulo, que tinham traído a revolução.

Qual era o conteúdo desse projeto?

Desapropriar com o pagamento de títulos. Foi muito engraçado, porque a gente não sabe – isso precisa ser mais bem analisado – como é que o pessoal encampou essa ideia. Como o governo bancou, firmemente, o pagamento das desapropriações em títulos. E isso com o envolvimento direto do presidente Castelo Branco.

Qual a imagem que o senhor guarda do Castelo Branco?

A imagem é de um homem com pretensões intelectuais. Ele gostava de conversar com artistas, notáveis, mulheres bonitas e homens inteligentes. E tinha alguma independência. Era um rebelde dentro do grupo. E depois de ter sido eleito, eu acho que ele quis escrever a própria história. No caso da reforma agrária, ele buscou inspiração em algumas coisas. Primeiro, nos desmandos do Nordeste. Ele era nordestino, foi comandante do IV Exército, e deve ter visto as maiores barbaridades. E na Itália, por meio dos contatos que manteve mesmo depois de ter voltado da FEB [Força Expedicionária Brasileira]. Ele continuou a manter correspondência e deve ter sentido os resultados da reforma agrária na Itália. Além disso, eu tenho a impressão de que o Golbery [do Couto e Silva] tinha relações de parentesco com gente de usina de açúcar, também. A agricultura devia pesar tão pouco para eles, era uma coisa tão distante, que não alteraria nada. Eu acho que eles não fariam uma mudança dessas no sistema bancário, no sistema financeiro.

Como esse projeto foi usado pelo governo militar?

O governo sofreu muito, houve brigas terríveis. Eu nunca me esqueço de quando De Gaulle veio visitar o Brasil. A residência oficial do presidente da República no Rio era o Palácio das Laranjeiras. Quando De Gaulle chegou, Castelo cedeu o palácio para ele. Tiveram de fazer uma cama especial. O presidente foi para o Copacabana Palace. Foi a primeira vez que dormi naquele hotel. Ele disse que o grupo não se dissolveria, e que continuaríamos a trabalhar. "Peguem um apartamento do meu lado, qualquer coisa estou ali." Diversas vezes ele saiu do apartamento dele e foi ao nosso discutir um caso qualquer. Um dia ele disse: "Está bem, vamos desapropriar os latifúndios, mas e o meu compadre do Ceará?" "Mas, presidente, que história é essa de compadre do Ceará?", perguntamos. O compadre do Ceará era uma figura que ele imaginou, uma pessoa que tem um latifúndio mas quer transformá-lo em empresa. No Estatuto da Terra havia quatro tipos de módulos: o latifúndio por dimensão, latifúndio por exploração, a empresa e o minifúndio. A empresa, que resultou, hoje, na figura da propriedade produtiva, está fora da desapropriação. O compadre queria recuperar o latifúndio dele, o que ele poderia fazer? Era um problema novo. O cara quer ser bonzinho, quer se converter, o jeito é dar um pedaço, uma parte. No Estatuto da Terra tem um artigo para o cara que quer fazer isso.

De onde surgiu a ideia de transformar o senhor em chefe da Supra?

Eu estava no Rio, trabalhando no Ministério do Planejamento, um ato do governo me colocara à disposição. O ministro escolhido pelo Castelo era Oscar Thompson Filho, secretário da Agricultura do Adhemar de Barros. Os militares, dentro de sua visão limitada das coisas, estabeleceram que o ministro de Agricultura deveria ser o secretário de Agricultura do melhor estado agricultor do Brasil, que era São Paulo. Não importava quem fosse. A única credencial dele, me desculpe, era ter cedido o campo de aviação da usina em que era gerente para o Adhemar fugir para a Bolívia.

Quando o Adhemar voltou ele foi recompensado?

Foi nomeado secretário da Agricultura. Ele não demorou um mês com o Castelo, porque era contra a reforma agrária. Esse é um exemplo, muito forte, da determinação do Castelo em fazer a reforma agrária, em fazer a lei. Depois, ele queria outra figura de São Paulo. Queria um professor e pegou o professor Hugo de Almeida Leme, que era meu amigo, tinha sido meu professor, estava no Rio. A reforma corria pelo Ministério do Planejamento, mas é claro que eu tinha de dar alguma atenção ao Hugo Leme. E um dia eu estava falando com ele e o Castelo ligou dizendo que demitiria o interventor da Supra, e queria que ele indicasse um civil. Eu estava ali do lado e ele disse: vai você.

Por quanto tempo o senhor trabalhou na Supra?

Eu entrei em julho de 1964. O Estatuto da Terra é de 30 de novembro. As nomeações começaram a sair no começo do ano. Devo ter saído em janeiro ou fevereiro de 1965.

Na sua opinião, o Estatuto da Terra correspondeu a uma visão da época da reforma agrária ou ele continua válido como instrumento nos dias de hoje?

Na época ele era considerado válido para fazer uma reforma capitalista nos padrões convencionais, com forte inspiração da reforma agrária italiana. Como, depois de 1964, a reforma agrária sofreu diluições sucessivas, ele continua válido até hoje. Posso dizer que a lei que foi aprovada agora é dez vezes pior do que o Estatuto da Terra.

A que o senhor credita o fato de que o Estatuto da Terra não foi implementado depois da constituição do Ibra e de sua aprovação legal?

O Estatuto da Terra criou dois organismos, um para fazer a reforma agrária, o Ibra, e outro chamado Instituto Nacional de Desenvolvimento Agrário, Inda, para cuidar da agricultura em geral, da área não reformada. Por que esse Inda? Porque os conservadores, chefiados pelo Bilac Pinto, que tinha uma grande influência sobre o Castelo, passaram a usar o seguinte argumento: por que criar novas unidades agrícolas se já existem 3 milhões sem atendimento?

Uma vez o Castelo usou a frase reforma agrária quimicamente pura. Para se fazer reforma tem-se de criar um órgão específico que só cuide da reforma. Ou ele faz ou ele não faz. Não tem desculpa. E o Ibra era um órgão muito forte. O primeiro presidente foi o Paulo Assis Ribeiro, que era um especialista em tributação e organizou diversos cadastros de tributação em municípios, no Brasil, desviando o eixo da coisa, do programa camponês, para o programa do tributo. Ele tinha uma ascendência intelectual tremenda sobre Castelo, que estava fascinado com ele. Esse foi o primeiro desvirtuamento da reforma.

Quanto tempo ele ficou como presidente?

Uns dois anos. Depois veio um sócio dele, com a mesma orientação fiscalista. Nessa época eu já tinha voltado para São Paulo.

Quando o senhor voltou a colaborar de novo com o governo federal, nessa área da questão agrária?

Depois da Supra nós nos articulamos em torno da Abra. O grupo que tinha feito o curso, mais alguns companheiros como o Guedes, o pessoal da Contag, decidiu fundar uma associação para manter a chama acesa, esse era o lema. Surgiu a Abra e nosso principal trabalho foi fustigar o Ibra e depois o Incra.

Do ponto de vista político, qual a postura da Abra em relação ao governo federal depois da frustração das expectativas em relação ao cumprimento do Estatuto?

Sempre foi de uma crítica contundente. Acho que as críticas mais ácidas à política fundiária do governo federal partiram da Abra.

O senhor foi o primeiro presidente da Abra?

Não. Eu fui o segundo presidente e cumpri três mandatos.

Durante esse período, várias pessoas que haviam trabalhado com o senhor no Ministério do Planejamento, como o [Mário] Simonsen e o Nascimento e Silva, foram ministros. Eles nunca procuraram sua colaboração?

Não, nunca, porque, a partir da segunda administração do Ibra, as águas se separaram, definitivamente. Quer dizer, eram duas religiões distintas. Eles já tinham adotado a linha da tributação e nós continuávamos na linha da desapropriação. São duas correntes que até hoje se digladiam.

Como o senhor avalia essas pessoas que, como o Simonsen, por exemplo, passaram a praticar uma política altamente concentradora da terra? Esse grupo só desenvolveu os estudos relativos ao Estatuto da Terra por vontade do presidente da República?

Não tinham nenhum compromisso além de estarem prestando um serviço direto, quase que pessoal, ao presidente.

Era um trabalho especializado. Não implicava uma postura ideológica, um apoio à tese da democratização da terra ou da redistribuição fundiária. O trabalho do Simonsen foi calcular o impacto no orçamento da emissão dos títulos para pagar desapropriação. O Nascimento e Silva fez a revisão jurídica como consultor pessoal do presidente.

Esse compromisso do Castelo com a questão da reforma pode explicar o golpe dentro do golpe, o esvaziamento do poder do grupo dele no interior das Forças Armadas e a posterior mudança de rumo?

Eu não acredito que a reforma explique esse fato, muito embora ele tivesse tido atritos muito sérios devido à reforma com os principais articuladores do golpe, Carlos Lacerda, Bilac Pinto. Ele também teve problemas de família. O Castelo era um apaixonado pela mulher. São famosas as cartas que ele escrevia para a mulher, da Itália. Era dona Argentina Vianna, de Belo Horizonte. Os Vianna, na ocasião, eram os maiores industriais de adubo, em São Paulo, proprietários da firma Arthur Vianna. Toda grande firma de adubo tem uma grande clientela de fazendeiros. Por intermédio da família de dona Argentina esse pessoal pressionava muito o Castelo contra a reforma agrária. A ponto de terem obtido um compromisso de que o Estatuto não seria mandado para o Congresso antes de haver uma reunião em Minas Gerais, para discuti-lo. A reunião foi em Viçosa, que, naquele tempo, era uma cidade inacessível, sem telefone, estrada, nada. Foi uma arapuca. Nos botaram lá, cercados por latifundiários furiosos por todos os lados, para discutir uma coisa que já estava discutida. Ele resistiu, mas depois falhou na parte de execução.

Durante seus mandatos na Abra, essa relação tensa com o governo federal levou a uma aproximação com a oposição. Como é que começaram os contatos desse grupo, que defendia a tese da reforma agrária, com os setores de oposição ao governo militar?

Isso acontecia informalmente. Claro que, às vezes, nós preparávamos discursos de gente da oposição. Eu depus em mais de uma CPI [Comissão Parlamentar de Inquérito] que investigou o Ibra. Éramos vistos por deputados e setores de oposição como uma espécie de consultoria. Nesse período, de alguma maneira, nós atingimos um pouco a intelectualidade, as universidades e alguns jornais.

Quando aconteceram as primeiras eleições para governo do estado, em 1982, pensou-se que os eleitos pela oposição em estados mais fortes, como São Paulo, por exemplo, teriam peso político para avançar, senão numa política de reforma agrária, pelo menos na democratização da propriedade da terra em menor escala. E o senhor foi secretário do governo Montoro. Que expectativas vocês tinham quando incursionaram pela segunda vez para fazer experiências de reforma agrária no Executivo?

Havia uma esperança muito grande baseada na experiência do governo Carvalho Pinto. Não que os estados tivessem o instrumental, mas São Paulo poderia dar o exemplo. E o [Franco] Montoro compartilhava essa ideia. Ele acreditava. Tanto que me escolheu.

Houve algum contato anterior à eleição entre ele e a Abra?

Havia uma relação estabelecida em diversos níveis. No nível pessoal eu, às vezes, ajudei em alguns projetos, dos quais ele era o relator no Senado. Lembro-me bem de um projeto sobre a pequena produção de trigo no Rio Grande do Sul, dos moinhos coloniais. Havia uma lei que acabava com os moinhos e ele apresentou uma emenda para mantê-los. Eu ajudei nisso. Depois, ajudei na elaboração do programa do PMDB. Houve um grande simpósio para elaborar, discutir e aprovar o programa do PMDB para a agricultura. E lá estava todo o pessoal do Montoro. O relator desse grupo era o Horácio Martins Carvalho, diretor de economia da Secretaria [de Agricultura] do Paraná. O Montoro tinha criado, em São Paulo, quando senador, o Instituto de Estudos para o Desenvolvimento e eu coordenava a parte de agricultura. De lá sairia o futuro secretariado do Montoro.

E o senhor não sabia disso?

É, eu estava lá sem saber, mas desconfiava. Ele era senador e vice-presidente do Ipeac, Instituto de Pesquisas e Assessoramento do Congresso, que, apesar de não ser um órgão muito conhecido, tem muita força e dinheiro. Eles é que contratam essas consultorias para alguns projetos especializados. Por exemplo, quando o Proálcool saiu mediante um decreto do [presidente Ernesto] Geisel, do Poder Executivo, o Congresso não foi ouvido e ficou muito enciumado. Então, o Montoro conseguiu um dinheiro do Ipeac e contratou a USP para fazer uma avaliação da questão energética no Brasil. O coordenador foi o [José] Goldenberg, que precisou de um cara de agricultura e me chamou dizendo que precisava de alguém que falasse, por exemplo, que mandioca não dá em árvore, essas coisas, para não cometerem erros muito crassos. Fui na primeira reunião e fiquei fascinado porque era um grupo de altíssimo nível. Era o José Israel Vargas, que hoje é o ministro de Ciência e Tecnologia, o Goldenberg. Tinha um cara da Petrobrás que controlava a matriz energética, um segredo militar. Nós íamos trabalhar a partir daí, um bruta time. Eu queria ir e ficar para pelo menos aprender alguma coisa. Nós nos reuníamos toda segunda-feira na USP, na sala do Goldenberg, porque o Montoro ficava em São Paulo neste dia. O resultado foi um belo estudo. Tinha um capítulo sobre petróleo, outro sobre carvão, madeira, sobre o Proálcool. O Montoro conseguiu dinheiro e publicou um livro com o nome dele e do presidente do Ipeac, que era o [Jarbas] Passarinho. Ele era o vice, mas tinha conseguido a verba, coordenara as reuniões. Era, realmente, uma ciumeira danada, porque era a primeira avaliação séria do Proálcool. Foi nessa época que eu me aproximei do Montoro.

Que expectativa o senhor tinha: atuar na área do fomento agrícola ou praticar a reforma agrária?

Os instrumentos eram muito modestos, não daria para fazer grandes coisas. Mas dava para pressionar o governo federal e fazer algumas coisas que servissem de exemplo em São Paulo. Umas coisas pequenas, benfeitas. Acertar o problema do Vale do Ribeira. Saímos na frente e, na ocasião, se falou muito na experiência fundiária de São Paulo.

Quando foi criado o Instituto de Assuntos Fundiários? Foi uma ação tranquila dentro do governo ou houve resistências?

Foi criado logo no início do governo e foi uma ação tranquila. Depois o trabalho do instituto foi muito difícil, mas a implantação não. Engraçado, a agricultura exerce um fascínio sobre as pessoas da cidade. Minha experiência indica que é muito mais fácil trabalhar com o Montoro, o Castelo, que são seres urbanos, do que com um cara como Renato Costa Lima, que é metido a fazendeiro. Esses caras em geral são autossuficientes. Montoro assinava tudo, tinha um entusiasmo quase juvenil pela agricultura. Dava muita força.

Nessa época aumentou o número de ocupações de terra em São Paulo. Como o senhor avalia a relação entre a secretaria e os sem-terra durante esses primeiros conflitos de ocupação?

Não acredito que tenha havido relação direta. Foi mais um amadurecimento do Movimento Sem Terra.

Mas houve algum conflito? O governo Montoro, na relação com o Movimento Sem Terra, teve uma atitude aberta de negociação?

Eu acho que foi bem aberto, principalmente devido à presença do José Carlos Dias, secretário da Justiça. E do secretário da Segurança, que era um cavalheiro, um professor da faculdade. Era um governo com características mais humanas.

Quanto tempo o senhor ficou no cargo?

Fiquei pouco tempo, uns sete meses.

Foi nesse período que o senhor teve o problema cardíaco?

É, tive um infarto.

Para o senhor, em nível estadual, naquele momento, poder-se-ia ter avançado mais?

O saldo foi bastante positivo, mas não era possível avançar mais por causa da falta de instrumento. Como a legislação joga tudo isso na área do governo federal, é muito difícil um estado executar um programa de envergadura.

Quando o senhor teve o infarto, o senhor se afastou do governo?

Eu me afastei provisoriamente e o Guedes ficou no meu lugar. Depois, no começo do ano, em fevereiro, eu tive de me afastar definitivamente. Me recuperei, sofri uma cirurgia, mas não tinha condições de continuar.

Mas o senhor resolveu assumir um novo cargo público, não foi?

Quando você põe uma ponte de safena, você põe mais um canal, e fica com dois. Então dá uma euforia de viver, ficar mocinho, começar a namorar de novo. Você vira uma fera! Comecei a me sentir muito bem depois da cirurgia. Estava pronto para trabalhar.

E voltou para o governo federal.

Quando eu saí da Secretaria da Agricultura acabei sendo nomeado vice-presidente do Conselho Estadual de Energia. Na crise do petróleo dos anos 1980, houve pânico no mundo inteiro com a questão de energia. O governo federal resolveu criar o Conselho Nacional de Energia, que era presidido pelo vice-presidente da República, o Aureliano Chaves. Ele reformou completamente as políticas de produção, conservação de energia. E os governos estaduais também criaram organismos semelhantes. Em São Paulo foi criado um, cujo presidente era o [Orestes] Quércia, que era vice-governador. O secretário-executivo era o Goldenberg, e eu era o vice-presidente. Enquanto o Goldenberg cuidava, principalmente, da parte de energia industrial, de uso industrial, eu me encarregava do Proálcool, porque todos os projetos de destilaria que estavam começando a ser ampliados ou iniciados em São Paulo tinham de obter a aprovação desse conselho. Entrava muito na questão fundiária. A nossa política era de restringir as megausinas e evitar que a produção de cana afetasse a produção de alimentos. Claro que não tínhamos força nem condições para impedir o crescimento, mas procurávamos estabelecer uma harmonização regional, não deixar que uma usina dominasse quatro, cinco municípios. Foi um trabalho muito difícil, comprei muita briga, porque nós tínhamos poder de veto. Nesse trabalho eu estava metido na questão fundiária e continuava próximo do poder. Em 1985, houve a eleição do Tancredo [Neves], e ascensão do [José] Sarney. Meu nome tinha sido apresentado para o Incra, que, na ocasião, estava entre os 14 cargos mais importantes da República. Já havia uma hierarquia. Eu estava na famosa lista da dona Antonia, a secretária do Tancredo Neves. Fui para o Incra com grande expectativa. Como a lei exigia que todo programa de reforma agrária, para ser desencadeado, tivesse um plano aprovado previamente, nós lançamos a preparação do Plano Nacional de Reforma Agrária. Houve uma mobilização da direita, do conservadorismo no campo, criaram a UDR para fazer oposição a essa proposta. Daí em diante os fatos são mais ou menos públicos. Eu acabei caindo, e voltei lá para a luta na Abra.

O Montoro impulsionou sua ida para o governo federal?

Foi o principal incentivador, primeiro por meio da relação com Tancredo e depois pelo prestígio de São Paulo no governo Sarney. Quando aconteceu o debate público sobre a reforma agrária e começou a guerra mesmo, houve grande apoio do governo de São Paulo, a não ser no desenlace, quando houve uma tendência para a gente ceder um pouco. Mas aí não dava porque a coisa já estava definida.

Depois a história veio mostrar características até de traição, de deslealdade. Enquanto o ministro e eu estávamos preparando dia e noite esse plano, o Sarney tinha chamado um advogado de grileiros para preparar um outro projeto, dentro do palácio. Esse cara estava trabalhando dentro do palácio, convidado pelo governo, para fazer outro decreto, que foi aprovado. Posteriormente, esse mesmo advogado confessou isso e a coisa veio a público. Ele ficou não sei quantos dias no palácio, na sala do gabinete militar, trabalhando para fazer aquilo que o ministro e eu estávamos fazendo.

Essa característica do governo Sarney foi muito forte, do ponto de vista da desestabilização dos setores mais progressistas?

Foi. E a "copa e cozinha" tem um poder fantástico. Vou citar um caso dos mais contundentes. A minha história de agrônomo foi marcada pelo trabalho que eu coordenei de implantação da soja no Sul do Brasil. Foi um trabalho muito bem-sucedido porque houve, também, uma série de coincidências econômicas que deram à soja um lugar definitivo como grande cultura no Brasil. A minha marca de agrônomo é a soja. O rei da soja chama-se Olacir de Moraes. O gerente, diretor agrícola do grupo Itamarati, é meu vizinho. Ele me convidou diversas vezes para ir ver o império da soja do Olacir e eu nunca pude atender ao honroso convite. Quando estava no Incra, na semana anterior à assinatura do decreto, do Plano Nacional de Reforma Agrária, o Sarney foi visitar a fazenda Itamarati do Olacir, ver a soja. Todo mundo dentro do governo sabia que eu mexia com soja e mesmo assim não fui convidado para ir. E foi durante esta viagem, na fazenda do Olacir, que se tramou, em parte, a derrubada do projeto.

Que imagem o senhor tem do Sarney como presidente nesse período?

O José Sarney é o tipo do bom-moço, um cara afável, um cavalheiro, um poeta, um escritor, mas incapaz de tomar decisões que possam contrariar qualquer interesse do *establishment*. É um cavalheiro, e isso amortece muitas das críticas.

A quem poderia ser creditado, no governo, o maior empenho na queda dessa postura progressista do Incra?

Foi indiscutivelmente o Gabinete Militar, que hoje está de volta, é o comandante do I Exército [*sic*]. Não por ideologia, mas pelo medo do impacto do próprio programa, de criar uma outra força, qualquer coisa de força revolucionária. Um campesinato forte ou coisa desse tipo. Ranços da Doutrina de Segurança Nacional.

Qual foi a relação que o senhor manteve com a base parlamentar na tramitação do plano pelo Congresso?

O plano não tramitou, ele apenas foi mostrado ao Congresso, porque tudo corria como decreto do Executivo. Foi levado ao Congresso como uma deferência.

Mas o senhor sentiu sustentação parlamentar para a política que defendia?

Havia uma minoria aguerrida, composta pelo Plinio, Fernando Santana, Roberto Freire, o grupo de esquerda. Mas a maioria era indiferente ou contra. Isso se revelou na Constituinte, quando nós perdemos fragorosamente.

Durante bom tempo a presença tanto do ministro como do senhor no governo foi creditada à indicação e suporte da Igreja, da CNBB, que teria feito gestões para que fosse mantida uma política progressista na área agrária. Nesse período, como era a relação do governo Sarney com os setores organizados mais de esquerda na sociedade, como os Sem Terra?

O Movimento Sem Terra, que era dos mais rebeldes, chegou a participar, porque para elaborar o Plano Nacional de Reforma Agrária nós montamos, se não me engano, 20 e tantos grupos; da questão jurídica, da questão indígena, um outro das desapropriações, outro do tipo de assentamento. Nós trouxemos praticamente todas as pessoas do ramo, do país inteiro. O Incra é um órgão muito poderoso, tem muita flexibilidade administrativa, orçamentária e tudo. Isso provocou um rebu. O próprio pessoal dos Sem Terra foi convidado e chegou a indicar representantes para um desses grupos. Foi o único momento em que eles cederam a uma aproximação com o governo. Quanto à Igreja, ela tinha uma influência muito forte.

De suas três passagens pelo Executivo, no governo Castelo, no Montoro e no Sarney, que elementos o senhor tira para inferir a possibilidade de se fazer reforma agrária, partindo do Executivo?

Eu acho que ela pode vir da maneira que ela já aconteceu anteriormente, por via lotérica, devido a um acontecimento inesperado, ou de ordem pessoal ou fruto da conjuntura. Tem de ser alguém da cidade. E, na base lotérica, que tenha apoio, que tenha trânsito dentro do governo e não encontre um bom-moço como José Sarney.

O que o levou a aceitar participar do Governo Paralelo, coordenando a área de agricultura e reforma agrária?

Essa é outra coincidência. Eu participei ativamente da Constituinte, tanto que acabei escrevendo um livro sobre o desastre da Constituinte. Fiquei fascinado com a figura do Lula. Em várias ocasiões, me aproximei pessoalmente dele. Eu ficara muito impressionado com uma frase do Tancredo. Ele disse uma vez que não adiantava esse negócio de eleição porque a situação dos grotões é diferente. Ele lançou o negócio dos grotões e os jornais deram muito destaque. Eu resolvi trabalhar essas questões dos grotões em relação à candidatura do Lula. Escrevi uma carta para ele e me ofereci para coordenar uma reunião nacional para discutir a candidatura dele nos grotões. Veio um cara do Rio, outro da Amazônia, outro do Nordeste, o pessoal do Rio Grande do Sul, Paraná e São Paulo para discutir uma pauta bem rígida e específica: qual a receptividade da candidatura Lula nas comunidades rurais, do lado do grotão, por estado? Qual a situação na Baixada, no Rio, no Vale do Jequitinhonha, em Minas? Fizemos um balanço e elaboramos um relatório que entreguei ao Lula. Quando vi estava envolvido.

Fez também campanha de ir atrás de voto no grotão?

Ah, fizemos... Fiz algumas viagens para Guarapuava, no Paraná, Viçosa, em Minas. Algumas das viagens eu fiz com o próprio Lula.

O senhor tem boas recordações da campanha?

Tenho, inclusive em relação à reforma agrária. Viçosa é um reduto conservador, terrivelmente conservador. Eu nunca consegui entrar na cidade como doutor em agronomia, na faculdade de agronomia. Nunca consegui auditório. E o Lula foi lá e deu uma aula sobre reforma agrária para 3 mil pessoas. Essas coisas acabaram me mostrando que a solução da reforma é política mesmo. Muito mais importante que todas as conferências, que os livros, que tudo isso é o Lula numa tacada resolver muito mais do que o trabalho técnico. Essa é a verdade. Então, vamos ajudar a pessoa que acredita, que tem essa possibilidade de resolver o problema político da reforma. E não há outra figura entre os candidatos. O Brizola é altamente contraditório.

No Governo Paralelo, seu trabalho foi desenvolvido a contento?

Sim, tanto que as duas cartilhas editadas eram da nossa área, da área de agricultura e reforma agrária. Editamos a cartilha da reforma agrária e a cartilha da segurança alimentar. E, de todas as propostas do Governo Paralelo, a que virou proposta de governo foi a de segurança alimentar. Esse foi um processo muito interessante, que mostra a grande visão política do Lula, e sua grande habilidade. Ele é realmente uma pessoa dotada de condições excepcionais para governar. E é isso que diferencia realmente o governante. Quando se instalou o Governo Paralelo, houve uma série de reuniões com toda aquela alta intelectualidade do PT. Depois o Lula escolheu por áreas. Escolheu o Antonio Candido para a Cultura, o Luiz Carlos Menezes para a Energia, eu para a Agricultura, o Walter Barelli para o Trabalho; para a Justiça, o Márcio Thomaz Bastos. Enfim, um timão. E começaram as discussões políticas. Um dia o Lula deu o clássico soco na mesa: "Vamos parar com isso, isso aqui não é academia, vocês vão pra casa e na próxima semana cada um traz os cinco principais problemas na área da Educação, da Saúde, da Justiça..."

Todos foram fazer seu dever de casa...

Eu não sei como é que os outros fizeram. Eu fiz uma carta circular para um grupo de pessoas e pedi que enumerassem os cinco principais problemas. Todos me responderam. Eu tabulei e deu, em primeiro lugar, a pequena produção, segundo, a questão alimentar, terceiro, a questão ecológica, quarto, Proálcool, e quinto, reforma agrária. Apresentei o resultado da tabulação e cada área teve que preparar cinco propostas daquilo que foi selecionado. Eu tinha de preparar cinco. Dessas cinco, energia era uma questão multidisciplinar, tinha de ser trabalhada junto com meio ambiente, que era a área do Aziz Ab'Saber, com energia, que era do Menezes. A questão de segurança alimentar, que não tinha sido batizada de segurança alimentar, era alimentação de modo geral, também tinha aspectos de saúde. Então eu coordenei um grupo que tratou de política agrícola e preparou a reforma agrária. Depois coordenei o grupo multidisciplinar que fez a proposta de alimentação, que nós batizamos de segurança alimentar.

De onde surgiu esse conceito?

Nesse período eu fui a um congresso de Direito Agrário na Itália, visitei a FAO, conversei com as pessoas e fiquei impressionado com as propostas de segurança alimentar, que já era um conceito universal, menos no Brasil, onde havia uns tabus em relação à questão da fome, da desnutrição, da carência. E achei que esse conceito de segurança alimentar tinha, politicamente, um sabor muito forte para se contrapor à segurança nacional, que era a bandeira militar no período da ditadura. Com a grande vantagem de ter o aval, o respaldo, das Nações Unidas e de não ter sido o Governo Paralelo ou a esquerda quem inventou o conceito. Preparamos essa proposta, bem trabalhada, acho que popularmente foi a que teve melhor apresentação, foi exposta numa reunião na Câmara Municipal. A Erundina tinha feito um congresso de alimentação muito bom, com gente de fora. Nós aproveitamos o clima. Até que o Lula resolveu transformar isso numa bandeira política e fazer a tal viagem, apresentar isso como uma proposta e posteriormente levá-la ao governo.

Por que levar ao governo?

Esse negócio de levar ao governo precisa ser explicado. Era parte da nossa rotina. O primeiro projeto que saiu foi de Educação, preparado pelo Cristovam Buarque. Quando ficou pronto, o Buarque foi humildemente pedir uma audiência com o [Carlos] Chiarelli, que era o ministro da Educação, e entregou a proposta. Você sabe que eles jogam no cesto, mas era nossa rotina. Quando apresentamos a de pequena produção, eu fui ao [Antônio] Cabrera, com os deputados do PT e o Suplicy. Entregamos numa audiência formal, com fotógrafo. Mas jogaram no cesto. De qualquer maneira, o Lula resolveu apresentar a proposta de segurança alimentar ao Itamar e ele abraçou o plano. Neste caso, o Lula teve mais uma tremenda habilidade, uma grande visão política. O projeto tinha um cheiro muito forte de São Paulo, a maior parte da equipe era daqui. O fato de colocar o Betinho e dom Mauro Morelli à frente dele, deu uma outra força, incluiu uma outra área e um outro contingente. O Betinho também tem sido muito feliz em sensibilizar o governo com sua figura mística. Só isso basta. Não pelo fato de a gente ter coordenado, mas por ter sido encampado como prioridade número um do governo. Foi a única proposta que não sofreu corte nenhum de verba, até hoje. Neste episódio eu me redimo um pouco do artigo da Maria da Conceição Tavares, cuja posição, embora injusta, totalmente improcedente, serviu para alertar o partido a respeito da diferença entre uma proposta do partido e uma proposta para um governo que, necessariamente, tem de ser de coalizão. E ao tentar fazer um governo de coalizão você tem de apresentar uma proposta que seja aceita por outras correntes. A proposta de reforma agrária do Governo Paralelo saiu de um encontro do PT, é claro, mas poderia ser endossada por outros partidos. E a Conceição não entendeu isso. Achou que tinha havido uma traição ao ideário do PT. O fato é que ela teve seu artigo publicado na revista *Teoria e Debate* n. 17 e houve depois um rebate de pessoas credenciadas, como o secretário agrário do PT, Hamilton Pereira, e o João Pedro Stedile, da direção do Movimento Sem Terra. Além do grande debate na reunião da Abra, onde ela foi se defender desse caso.

O projeto é consistente a ponto de fazê-lo voltar a um terceiro governo federal para enfrentar a reforma agrária?

Não. Aí entra uma questão da curva biológica. É preciso energia, trabalhar 14 horas por dia e estar zero quilômetro. Quem já passou por tudo isso fica um pouco descrente. E a descrença é negativa, a pessoa precisa ter entusiasmo. Mas eu já não acredito tanto nas pessoas. Acredito nas causas, mas não acreditando nas pessoas, você demora na decisão, fica com medo de errar. E, no governo, a pessoa ou tem um *feeling* como o Lula, ou então corre um sério risco de errar. É por isso que toda pessoa idosa é lenta.

O senhor acha que a questão da reforma agrária vai continuar sendo um elemento determinante na conjuntura brasileira?

Acredito firmemente que ela voltará ao cenário político com a mesma força. Porque, se ela pode ser um programa superado em outros países, em outro tipo de economia e de sociedade, o Brasil está cada vez mais dependente de soluções na área da agricultura. Não só por seu valor estratégico, mas como forma de vida, como local de habitação de uma grande parcela da população que não pode mais ir para a cidade. E há, também, a questão da distribuição de renda, porque a maneira mais prática, de maior impacto para concretizá-la é a reforma agrária. São ativos vultosos e de fácil redistribuição. Isto vai ocorrer no Brasil, mais cedo ou mais tarde.

Seus planos, hoje, estão aqui na fazenda Santana do Baguaçu?
Eu quero terminar aqui. Uma coisa da minha vida que eu tenha começado e consiga terminar. Muitas das coisas que comecei não consegui terminar. Para terminar essa só falta plantar 14 mil pés de laranja numa outra fazenda que nós temos e que já está pronta, já encomendamos as mudas e em fevereiro nós plantaremos. Também falta construir uma usina de borracha, porque apesar de termos 35 mil pés de seringueira vendemos a borracha *in natura*. Este ano nós construímos uma usina de café, que é dez vezes mais cara e dez vezes mais complexa que a de borracha. Terminando isso, eu só quero me dedicar à pescaria e deixar o lugar para os moços. Tem uma pergunta, Renato, que você não fez e eu me admirei. Vou fazer por conta própria. É a velha história da fazenda. São 1.260 hectares e nós ainda temos mais três fazendas. A pergunta é: por que você não faz a reforma agrária em suas terras? Não adiantaria nada se eu pegasse e dividisse isto aqui. Nem teria o efeito de demonstração, porque, primeiro, toda a economia regional não permitiria uma experiência dessas. O que eu tenho feito, além dos benefícios sociais, é tentar fazer, no círculo da família, alguma coisa em termos de redistribuição. Dessas quatro fazendas, uma eu já passei totalmente para o meu filho e genros. De duas delas eu tenho apenas uma

parte. E essa, que é o carro-chefe, onde nós temos todas as máquinas, toda a estrutura, temos os computadores, o escritório, o controle todo, eu já doei para os netos. Esse patrimônio já está totalmente dividido, em vida, entre dezessete pessoas. Acho que nessa parte também, eu não terei dificuldade para entrar no Céu. É a primeira vez que falo disso. É um detalhe quase pessoal, mas que pode ajudar a explicar, não justificar.

TEXTOS DE JOSÉ GOMES DA SILVA

A AGRICULTURA NUM MUNDO EM TRANSFORMAÇÃO[1]

Meus caros amigos e colegas,

Quero dirigir meu primeiro pensamento e homenagem para os companheiros que aqui já estiveram, como Alcides Carvalho e Álvaro Santos Costa, pela boa pesquisa; Nicanor Carvalho e Adib Jorge Roston, pela aceitação que seu aconselhamento técnico teve entre os agricultores; Lutzemberger, feroz defensor do meio ambiente; Edson Consolmagno, meu colega da gloriosa turma de 1946; e a magnífica figura do doutor Zizi, pelo respeito que granjeou perante a comunidade a que serviu; e, finalmente, a dois colegas cujo trabalho tem se caracterizado pela multiplicidade de atuação, pela maneira peculiar com que compõem alma, obstinação e caráter, sem repudiar a ação política, quando a mesma se faz necessária à divulgação das boas ideias. Falo de Carlos Lorena e Warwick Kerr.

A generosidade dos colegas convoca hoje para essa galeria de imortais – imortais, sim, porque estão todos vivos e haverão de assim permanecer por longo tempo, se Deus quiser – um ex-sojamaníaco, aprendiz de agricultor, mais recentemente

[1] Discurso pronunciado em 9 de novembro de 1981, na Associação dos Engenheiros-Agrônomos do Estado de São Paulo, por ocasião do título de "Engenheiro-Agrônomo do Ano".

convertido à causa da questão agrária. Tomo apenas esta última como a justificativa da lembrança do meu nome e entendo-a como uma advertência de toda a nossa categoria profissional para o grave problema da terra em nosso país e para a responsabilidade que cabe ao engenheiro-agrônomo na condução de uma posição à questão agrária.

Lembro ainda que, "pior que morrer de sede no deserto, é passar fome na terra de Canaã", e é exatamente isso que está ocorrendo com a questão fundiária no Brasil de hoje. A, despeito de possuir as maiores reservas de terras agrícolas do mundo, o Brasil está deixando, aos milhares, moços sadios, agricultores natos, capital humano precioso, buscar no Paraguai, na Bolívia e até na Argentina o pedaço de terra que o próprio governo lhes nega, para não aceitar a opção terrível de se deixarem amontoar nas cidades, engrossando as estatísticas dos favelados, dos baixa-renda, do desemprego disfarçado ou do trabalho volante.

É difícil entender que não se dê crédito aos estudos dos nossos melhores economistas rurais, às estatísticas do IBGE [Instituto Brasileiro de Geografia e Estatística], ao Cadastro do Incra, às listagens do Serpro [Serviço Federal de Processamento de Dados]. Nem mesmo a voz da Igreja, tradicional e serena *mater et magistra* [mãe e mestra], especialmente na questão social, está sendo ouvida. Dos colonos, posseiros, minifundistas, sem-terra, parceiros e arrendatários e dessa legião de patrícios sem voz e sem voto – nem é preciso falar. Em lugar de ampará-los, assisti-los, promovê-los, prefere o governo privilegiar a chamada "empresa rural", injetando-lhe crédito subsidiado, prazos de favor, incentivos fiscais e outras benesses. O resultado contraditório assim obtido, vem das próprias cifras oficiais: no intervalo do último quinquênio intercadastral (1972-1978) aqueles imóveis rurais, a despeito de todos aqueles favores, diminuíram em número e em área, selando o fracasso da política agrícola do atual governo. Pior ainda: os latifúndios por exploração e também os latifúndios por dimensão – essa extrema formação estrutural da agricultura brasileira – aumentaram durante o período, apropriando uma fatia cada vez maior do espaço agrícola nacional e encurralando cada vez mais os pequenos produtores rurais.

Depois de 20 anos de reflexão sobre o problema, vivendo-o também na minha própria experiência pessoal e conhecendo projetos e programas de reforma agrária em dezenas de países, deixo hoje aos meus colegas mais moços este sombrio vaticínio: ou a nação enfrenta de vez a questão agrária – e não estou falando de paliativos diversionistas do tipo da tributação progressiva, da discriminação de terras públicas, colonização de áreas virgens ou desse bizarro "usucapião especial" há pouco reinventado – ou haverá um segundo grito do Ipiranga, no qual a palavra "independência" será simplesmente substituída pelo vocábulo "terra".

Não se alegue falta de recursos, como costuma falar habilidosamente o presidente. Para citar apenas um exemplo, aí está o faraônico programa nuclear com o qual o Brasil foi hipotecado em mais de 34 bilhões de dólares, quantia fantástica, que poderia transformar 3 milhões de famílias patrícias em proprietárias de unidades agrícolas de tamanho econômico.

Essa estranha política governamental

Não é apenas na questão agrária que uma outra alternativa seria fatalmente escolhida por qualquer engenheiro-agrônomo. Também na política agrícola oficial – realidade totalmente diversa do discurso – a contradição e o desacerto não são nada menores, a começar pela própria prioridade anunciada para o setor agrícola.

Qualquer que seja o parâmetro escolhido – alocação de recursos, atenção presidencial, mobilização do Conselho de Desenvolvimento Econômico, *status* do organismo executor – a conclusão conduz sempre a uma prioridade simplesmente retórica.

Quando se adentra o campo da verdade, a prioridade à agricultura torna-se completamente ausente, mostrando do setor uma dimensão exatamente igual ao tratamento que a propaganda oficial lhe dá na televisão: um caipira desengonçado que acredita no crédito oportuno, nos preços justos, na terra livre.

De fato, não tem prioridade alguma um setor cujos melhores recursos – trabalho, terra, tecnologia e capital – são perdulariamente malbaratados; não tem prioridade alguma o setor para o qual a atenção presidencial é apenas verbalizada; não tem prioridade o setor que apenas consegue um melancólico 182º lugar dentre as 500 maiores empresas do país; não tem prioridade alguma o setor que é comandado por titulares antiagricultura a anticamponês; não tem prioridade alguma o setor cujo banco financiador pretere os próprios profissionais da área.

Não posso perder esta oportunidade para mostrar novamente a falácia da chamada "empresa rural" no Brasil e mais uma vez criticar o Proálcool, mostrando como a criatura é agora vista pelo próprio criador: em discurso pronunciado durante o 2º Congresso Nacional da Sociedade de Técnicos Açucareiros do Brasil, em 18 de agosto deste ano, o presidente do IAA [Instituto do Açúcar e do Álcool] confirma que, dos "382 projetos de instalação e amplificação de destilarias,

23,26% ainda não praticam *roguing* em seus viveiros e contam, em média, com 1,61 profissionais de nível superior por destilaria". Não fazer *roguing* em canavicultura é o mesmo que tirar semente do paiol na cultura do milho, e se isso é desculpável no posseiro da Amazônia, é simplesmente escandaloso que esteja ocorrendo com grandes conglomerados que recebem subsídios generosos, iniciam-se no século XX e, como em todos os novos empreendimentos do gênero, deveriam partir de um patamar tecnológico bastante elevado.

Uma visão otimista, a despeito de tudo

Não quero que esta análise crítica a respeito do meu atual campo de trabalho traduza uma visão negativista do mundo de hoje, da sua agricultura e, principalmente, da nossa categoria profissional.

Agrônomo por profissão, agricultor vocacionado, tenho por obrigação ser poeta e otimista. Por isso, sou também pai de agrônomo e quero ser avô de agrônomo – a não ser que Bruno e Emiliano, meus netos, queiram ser sumariamente deserdados.

Não é difícil explicar a opção, pois

... existe ainda tanta terra para cultivar,

... existe ainda tanto jovem para ensinar,

... existe ainda tanta árvore para plantar,

... existe ainda tanto posseiro a proteger,

... existe ainda tanto fenômeno a pesquisar,

... existe ainda tanto rebanho a melhorar...

É por isso que reverencio, nesta oportunidade festiva, a figura do engenheiro-agrônomo,

... que criou uma nova variedade ou uma nova raça animal;

... que orientou um pequeno agricultor;

... que defendeu a natureza;
... que salvou algum rebanho;
... que produziu a boa semente;
... que curou uma planta;
... que assentou um trabalhador sem-terra;
... que melhorou a qualidade dos insumos;
... que desmistificou as falsas estatísticas.

Epílogo

A despeito de ter sido pesquisador no Agronômico, lecionado na Luiz de Queiroz e em Botucatu, trabalhado na antiga Divisão de Fomento Agrícola e na saudosa Date, de ter feito agricultura no Paraná, na terra boa de Pirassununga e no Cerrado de Tambaú, e de ter transitado um pouco pela burocracia internacional, creio que esta homenagem foi devida ao meu trabalho na introdução da cultura da soja e à minha pregação pela reforma agrária. Às vésperas da aposentadoria, avô e cinquentão, sinto-me um pouco frustrado com os resultados do trabalho de fomento da soja, já que nós todos da equipe sonhadora do Serviço de Expansão da Soja sempre a havíamos desejado como alimento da nossa gente, e não como ração dos rebanhos do mundo desenvolvido.

Por isso, ao encerrar, prefiro voltar a falar do desafio agrário e dizer aos colegas, principalmente aos jovens que vão realizar a reforma agrária brasileira, que pensem na terra, que cuidem de terra, que defendam a terra, já que ela

... não pode ser cinzeiro de dendroclastas
... não pode ser apenas reserva de valor...
... não pode ser cenário de passarinho e curió...
... não pode ser cloaca das indústrias da Trilateral...
... não pode ser terreiro de favelados...

... não pode ser simples mercado da parafernália das multinacionais...

... não pode nem mesmo ser apenas o solo de alguns agrônomos que se autoqualificam de "práticos" ...

Essa terra, que para o índio é parte do seu ser, que para o camponês é casa, comida e trabalho, que para o chamado "empresário" é um fator de produção como outro qualquer, precisa receber do engenheiro-agrônomo uma visão própria, plasmada a partir dos ingredientes do idealismo, da altanaria, do conservacionismo, da sensibilidade social, além, é claro, da tecnologia.

A terra do engenheiro-agrônomo passa a ser vida, nicho, berço, seio, útero, nação... independente, se possível.

Muito obrigado a todos os que vieram até aqui.

E àqueles que sugeriram o meu nome para este prêmio, aos colegas que o apoiaram e principalmente aos meus parentes, amigos e colegas que me ajudaram a merecê-lo, o melhor da minha gratidão.

DECÁLOGO DA ADMINISTRAÇÃO AGRÍCOLA[1]

Em diversas oportunidades temos tentado resumir para outros agricultores e para alguns jovens colegas a experiência que recolhemos em quase 30 anos de atividade no setor. Em alguns casos temos nos beneficiado também com o *aconselhamento e os êxitos de outros técnicos e agricultores. O exercício aqui tabulado em forma de decálogo busca*, de maneira bastante operativa, responder à angustiante preocupação de fazer agricultura e ganhar dinheiro.

1. A agricultura é uma mistura de arte, ciência e negócio

Essa frase de Wilson Gee mostra o caráter interdisciplinar; eclético e extraescolar da atividade agrícola. Assim, quem considerar a agricultura apenas uma arte será um empírico; quem tomá-la apenas como ciência será um teórico; e quem fizer dela exclusivamente um negócio acabará virando um infeliz mercador.

A conveniente dosagem desses três componentes, consideradas a época, as diferentes explorações e a prioridade

[1] Publicado no *Jornal Coopercitrus* em abril de 1983.

conjuntural, dará ao agricultor a chave do sucesso na sua atividade produtiva.

2. Leve na devida conta o enorme número de variáveis que conformam o negócio agrícola

Teu capital, mão de obra e tecnologia, cada um com numerosos tipos, qualidades, nuances, timing, peculiaridade, sutilezas, adequações, cuidados, intensidades, combinações, recombinações, efeitos, tradições, usos, costumes etc., formam equações imensas; para a solução é preciso contar com conhecimento, paciência, perspicácia e tolerância. Quem não estiver disposto a isso tudo, fuja da agricultura.

3. O custo de oportunidade é uma eterna constante

A despeito de nossa posição de país subtropical, a agricultura que praticamos está cada vez mais dependente de timings precisos.

Essa assertiva vale para preparo do solo, plantio, adubações e principalmente para o controle de pragas e moléstias. No tocante à comercialização de safras, é preciso, então, um calendário enorme e um rosário de lembretes. Quem atrasou dançou.

O custo de oportunidade cresce à medida que sobem os custos dos fatores de produção.

4. A policultura é mais segura, mas aumenta terrivelmente a complexidade da unidade de produção

O axioma de "não colocar todos os ovos em uma única cesta" é fortemente contrariado pela complexidade que a unidade agrícola de produção começa a adquirir à medida que aumentam as linhas de exploração.

A fazenda autossuficiente e artesanal é hoje uma alternativa romântica, e todos aqueles que insistem em criar galinhas, patos e coelhos e a fazer horta e jardins do lado de culturas econômicas (cash crops) acabam morrendo do coração no momento que começam a calcular os respectivos custos.

Acreditamos piamente que a complexidade administrativa de uma fazenda ou sítio aumenta na razão geométrica do número de linhas de exploração (culturas, criações ou agroindústrias).

Assim, na unidade monocultural o fator de complexidade seria 1; com duas explorações, subiria para 4; com três, iria para 9; e com quatro, já alcançaria 16.

Quem quiser aliar o negócio com a decantada imagem de bucolismo do campo não deve mexer com muitas atividades. Se, contudo, precisar ganhar dinheiro no agro, nestes tempos bicudos de mercados incertos, procure fazer os 13 pontos elegendo um número reduzido de explorações que, ao mesmo tempo que entrarem em produção econômica, tenham a sorte de encontrar preços bons e certos e compradores pontuais. Isso cheira a loteria, mas é o que, na prática, tem acontecido com os privilegiados que ganharam dinheiro na agricultura.

5. Resista à tentação de fazer investimentos não reprodutivos

Todo agricultor é constantemente tentado a realizar uma série de benfeitorias, construções, melhoramentos e aquisições que nem sempre guardam relação com a capacidade de geração de recursos para amortizá-las. Essa tendência – saudável do ponto de vista de cimentar os elos com a terra – precisa ser cuidadosamente dosada para evitar situações difíceis por ocasião dos anos maus, das frustações de safra e dos banqueiros impacientes.

Amigo meu diz que "mineiro custeia a fazenda com o leite, e com a safra de café compra mais terra". Para alcançar esse milagre do perfeccionismo da administração rural é preciso evitar investimentos suntuários, cortar despesas, reduzir custos. Para isso, mesmo em Minas, é preciso ser duro nas compras.

6. Seja aliado da natureza, não seu adversário

Embora a agricultura econômica possa por vezes apresentar-se como um processo de extração máxima, existem numerosas práticas de conservação em que mais vale imitar a "mãe terra" que tentar contrariá-la.

O cuidado do solo, o trabalho incansável da fotossíntese, a ajuda dos micro-organismos, o controle biológico de pragas e moléstias, a ajuda de São Pedro (o simpático santo chovedor) e o respeito à Lua são algumas maneiras de dar as mãos a amigos aos quais não se precisa pagar juros, repor peças ou responder por obrigações trabalhistas.

7. Terra ruim não se deseja nem para inimigo

Esse ditado sábio de Pedro Ometo, o saudoso e inteligente farejador de terra roxa, contrapõe-se com inegável vantagem à opinião daquele poeta que queria a terra apenas para fixar a planta, e o restante ele supria com fertilizantes minerais. Meu sogro, Chico Graziano, discípulo de Pedro Ometo, não deixava por menos: "quem é doutor pode se dar ao luxo de plantar em solo fraco; eu, como não sou, preciso de terra fértil". Essa é a explicação histórica de tantos diplomas terem rolado na agricultura, enquanto imigrantes primitivos amontoaram usinas, terras e destilarias.

8. A mesma terra que esconde os erros dos médicos mostra as falhas dos agrônomos

Se você cometer enganos na agricultura, não perca por esperar: assim que aparecer a plantinha ou nascer o bezerro, você já ficará sabendo. Não espere que isso aconteça. Pergunte sempre a quem sabe, ouça quem já fez, inspire-se nos desastres alheios. Minha sogra diz sempre que o erro é experiência de tolos. Por que insistir em equívocos, se o mundo está cheio de tolos para cometê-los em nosso lugar? Tampouco é demais vacinar-se contra as inovações miraculosas. Pozinhos de pirlimpimpim que aumentam as colheitas, micróbios atômicos que excitam adubos, variedades gigantescamente produtivas... Cuidado com elas e seus patronos. Isso não significa que devemos ser infensos a inovações e a processos de mudança que a ciência agronômica constantemente nos oferece. Quando eles ocorrem, com nova tecnologia e respaldo experimental, a coisa fica na cara. Deixe que a Estação Experimental mais próxima realize esses ensaios. Elas existem para isso, e outra é a missão do agricultor.

9. Persiga a produtividade, mas não se esqueça dos custos e da comercialização eficiente

Muitos agricultores costumam manifestar compreensível repulsa por atividades comerciais, preferindo exercer seu talento apenas na fase de plantar e colher.

A importância que os custos crescentes estão tomando no todo do processo produtivo da agricultura está pondo em perigo esses escrúpulos de especialização. Quem não tiver habilidade para comprar bem seus insumos e vender satisfatoriamente suas safras raramente conseguirá sobreviver numa agricultura que perde seus subsídios a cada dia que passa e a cada delfim que aparece.

Os custos financeiros devem merecer também especial atenção para não se cair no vermelho, a despeito de altos rendimentos e moderna tecnologia.

10. Economias de escala não existem na agricultura

A megalomania de alguns administradores e o monetarismo de outros tantos tecnocratas conseguiram vender também para a agricultura a falsa ideia de que só o grande é eficiente.

As recentes falências verificadas em algumas grandes empresas agrícolas, que tentaram aplicar à agricultura indígena o falso princípio das economias de escala e da integração vertical, acabaram por abrir os olhos dos nossos economistas agrícolas, que já estão tendo coragem para escrever, com base no primeiro princípio deste decálogo, que é muito diferente produzir uma centena de fuscas iguaizinhos, último tipo, e lograr ter um cafezal sem falhas, irresponsavelmente uniforme e produtivo.

Os elevados rendimentos que aparecem nos concursos de produtividade nunca pertencem a grandes fazendeiros, e tanto em culturas anuais quanto em permanentes não é preciso uma grande área para uma grande colheita.

Se na sua chácara, sítio ou fazenda você for capaz de implementar este decálogo, pois essa é hoje, no Brasil, a maneira de ganhar dinheiro...

APRESENTAÇÃO DO I PLANO NACIONAL DE REFORMA AGRÁRIA[1]

Introdução

A Fundação Joaquim Nabuco de Pesquisas Sociais, desde o seu tempo de Instituto Joaquim Nabuco, tem prestado valiosa colaboração ao conhecimento da questão agrária brasileira, seja através da produção de seus cientistas, seja mediante uma marcante ação institucional. Dentre essas colaborações, cabe registrar o histórico seminário de 1963 (Instituto Joaquim Nabuco, 1970) e agora, este novo encontro, cujo resultado deverá contribuir também não apenas para orientar o debate nacional que atualmente está tendo lugar, mas também para ajudar a implementar o processo de reforma agrária que precisa ser iniciado.

Esta apresentação será baseada nos três documentos oficiais atualmente disponíveis: o Estatuto da Terra (Mirad/Incra, 1985a), a proposta para a elaboração do PNRA (Mi-

---

[1] Conferência pronunciada durante o Seminário de Reforma Agrária na Fundação Joaquim Nabuco de Pesquisas Sociais, em Recife, 7 de agosto de 1985. O texto aqui apresentado inclui, além da exposição efetuada na época em que a proposta estava em pleno debate, alguns esclarecimentos necessários à identificação e modificações introduzidas no plano, que foi finalmente aprovado pelo presidente da República, em 10 de outubro de 1985, por meio do Decreto 91.766/85. Essas observações, indispensáveis para a compreensão do assunto e para o entendimento da posição do autor, aparecem nas diversas notas de rodapé.

rad/Incra, 1985b) e as "explicações necessárias" (Gomes da Silva, 1985) que foram preparadas para ajudar a entender os 14 pontos mais controversos da proposição governamental.

A proposta para a elaboração do I PNRA da Nova República

Trata-se de um documento que simplesmente colocou de maneira formal a posição do governo a partir da instrumentação jurídica vigente, dentro de uma sistemática de planejamento singelo que deve repousar evidentemente num rápido diagnóstico da situação agrária, ter a coragem de definir claramente os objetivos e inscrever as metas respectivas. A proposta contém evidentemente uma estratégia e os respectivos Programas de Ação, dos quais o mais importante é, naturalmente, o Programa Básico de Assentamento de Trabalhadores Rurais, devidamente articulado com os Programas Complementares (Regularização Fundiária, Apoio Jurídico, Estudos e Pesquisas Agrárias e Desenvolvimento de Recursos Humanos).

O desenvolvimento e a implementação de uma proposta dessa magnitude e com a dimensão que foi inscrita (meta de 7,1 milhões de famílias a serem atingidas em três lustros) requer evidentemente uma articulação da ação do governo. E a própria presença do ministro da Cultura neste debate sobre reforma agrária significa que, na prática, essa articulação, felizmente, parece estar existindo.

A proposta não poderia deixar de ter um objetivo imediato, já que a reforma agrária não pode se arrastar indefinidamente no tempo, e nesse particular apresenta uma novidade em matéria de planificação para a agricultura: adota o período do ano agrícola – já que, no que se refere à produção camponesa, a atividade agrícola está mais na dependência do calendário agrícola do que do período orçamentário ou do ano civil. A proposta fala, portanto, no ano agrícola que vai se iniciar no quadriênio desse governo, e como todo projeto de médio e longo prazo, necessariamente contempla um horizonte mais distante, estimado nos 15 anos[2] em que a reforma está sendo prevista para a sua ultimação.

Finalmente, a proposta indica recursos e principalmente as fontes de financiamento, e o faz claramente mostrando que a principal parte das despesas para a realização da reforma agrária brasileira será coberta pela emissão de títulos da dívida agrária, o que facilita extraordinariamente a realização do processo, sendo que apenas a metade desse total demandará recursos financeiros em moeda corrente. A proposta contempla também os aportes de recursos dos outros ministérios que intervêm no processo de reforma e do desenvolvimento agrário, e inscreve e quantifica as necessidades de crédito ou de capital de giro necessárias à movimentação das safras.

É esse, em linhas gerais, o documento que está sendo debatido e tem sido objeto de algumas comoções. E esse é o documento que o governo submeteu à sociedade civil; e dela espera recolher subsídios e sugestões, principalmente deste seminário e desta fundação. Não apenas pela sua tradição no tratamento interdisciplinar da questão agrária, mas pela mobilização que a Fundação efetuou sob a competente coordenação de Dirceu Pessoa, é de esperar-se que a proposta

[2] O plano aprovado (Mirad/Incra, 1985b) não incorporou esse detalhe, mencionando o ano civil por questão de facilidades orçamentárias. Da mesma maneira, foi omitido, no texto definitivo, o horizonte de 15 anos, já que pareceu temerário adentrar períodos governamentais que ultrapassem a duração do atual governo federal.

possa ser enriquecida com sugestões viáveis, da mesma forma que estão sendo recolhidos subsídios de numerosas outras instituições.

Alguns detalhes polêmicos[3]

Apesar da clara colocação da proposta e de todo o amparo legal de que se reveste, a inafetabilidade das empresas rurais, tal como tipificadas no Estatuto da Terra, precisa ser ainda mais enfatizada no texto final do PNRA. A contrarreforma tem esgrimido esse argumento e lançado muita confusão na opinião pública. É por isso que estamos convencidos da necessidade de incluir no plano definitivo todo um capítulo em letras de forma, repetindo novamente tudo aquilo que a Constituição já determina e que o Estatuto da Terra dispõe com tanta clareza.

Observe-se que, dentre os beneficiários potenciais do PNRA, a proposta (p. 13) projetou um contingente de "3,5 milhões, que estão ou serão retidos em seus empregos pela dinâmica da agricultura empresarial brasileira, como assalariados permanentes ou temporários", dados que dizem respeito, indubitavelmente, às empresas rurais.

Por outro lado, o que a proposta propugna é uma criteriosa revisão dos dados cadastrais, de tal modo que se possa alcançar uma autêntica amostragem das empresas rurais, ou seja, dos imóveis que estão em condições de merecer a proteção legal, até porque está detectado um crescimento suspeito do número de empresas rurais (4 vezes) e da área a elas correspondente (5 vezes), quando a tendência anteriormente verificada era a da

---

[3] A maior parte deste capítulo, transcrito da publicação original já citada (Gomes da Silva, 1985), foi preparada pelo doutor Luiz Edson Fachin (na época, procurador-geral do Incra).

diminuição acentuada desse tipo de imóvel rural. A revisão desejada se impõe ainda mais ao saber-se, como se sabe, que o aumento do número de empresas rurais não tem correspondência – que é natural – no mesmo período com os resultados aferidos de produção e produtividade na agricultura brasileira.

Um ponto importante, já identificado a esta altura como predileto da contrarreforma, é o da necessidade de diferenciar claramente a apropriação estatal dos sistemas de exploração coletivos, associativos, condominiais ou cooperativos. Esse tema tem sido largamente explorado com o objetivo de dar à proposta uma conotação ideológica que ela definitivamente não tem. Tal como no caso da desapropriação das empresas rurais, a preocupação é totalmente improcedente.

Antes de mais, é forçoso reafirmar que a reforma agrária preconizada na proposta é simplesmente brasileira, tanto que decorre de lei federal (n. 4.504, de 30 de novembro de 1964), debatida e aprovada no Congresso e promulgada, distante de suspeição, no correr do ciclo militar que se iniciou em 1964.

As diversas alternativas, portanto, para a posse e uso da terra, anunciadas na proposta (p. 22 e 23), são formas consagradas na nossa ordem jurídica, a partir da Constituição, passando pela lei civil e chegando ao diplomata maior de direito agrário.

Não há como excogitar anomalias jurídicas na menção ao fato (não se trata de qualquer figura ou estrutura jurídica autônoma), que se vem denominando em espanholismo já incorporado ao direito agrário, de "assentamento"'. O assentamento, já inscrito, por exemplo, no Decreto n. 90.697, de 12 de dezembro de 1984 (portanto, no governo Figueiredo), é o vocábulo que se tem encontrado para definir o conjunto de medidas que tendam à "implantação, consolidação e emancipação de projetos de colonização e reforma agrária", o que vale dizer que ultrapassa o simples uso ou a posse da terra, reunindo um conjunto de medidas governamentais de apoio, sem ganhar, com isso, autonomia jurídica, que possa ultrapassar os limites do exercício do direito de posse ou de domínio, se for o caso. O assentamento nada mais é, portanto, do que a soma da forma de acesso à terra (posse ou domínio) com as medidas governamentais de apoio. O absurdo de considerar-se o assentamento como figura jurídica anômala é o mesmo que considerar que uma propriedade agrícola qualquer possa ter a sua qualificação jurídica alterada pela simples razão de ter merecido medidas de apoio governamentais ou privadas, em forma de incentivos ou de financiamento, por exemplo.

Assim, as alternativas de organização interna dos assentamentos são, segundo a proposta:

a) unidade familiar (ou propriedade familiar, conforme artigo 24, inciso I, do Estatuto da Terra). Dispensa, naturalmente, maiores comentários, ficando evidente que não se pensa em inadmissível inovação ao direito de propriedade;
b) unidade associativa (ou associação de agricultores organizados sob regime cooperativo), também expressamente prevista no artigo 23, III, do Estatuto da Terra;
c) unidade de propriedade em comunhão (ou condomínio ou copropriedade), com expressa previsão do artigo 3° do Estatuto da Terra (direito à propriedade da terra em condomínio) e do decreto que o regulamentou (n. 59.428/66), bem como do próprio Código Civil Brasileiro, em vigor desde 1917.

Esse tópico da proposta, equivocada ou maliciosamente, tem sido brandido aos incautos como perigosa forma de coletivização.

Ora, a comunhão (condomínio ou copropriedade) está disciplinada nos artigos 623 e seguintes do Código Civil como típica modalidade de propriedade privada e significa, pura e simplesmente, que sobre um determinado bem há mais de um titular do direito de propriedade, que são os condôminos (condomínio tradicional), coproprietários ou comunheiros.

É inimaginável que se possa encontrar, exatamente na propriedade em comunhão, qualquer laivo coletivizante, no sentido que se pretendeu emprestar-lhe. Não há como confundi-la com as chamadas propriedades coletivas, de índole estatal, nas quais, em vez de pluralidade de proprietários, não há proprietário algum.

Numa síntese: a denominada propriedade familiar não deixa de ser propriedade, em que há titularidade do direito atribuída ao chefe da família ou, se for o caso, em forma de condomínio familiar, como ocorre, até costumeiramente, em muitas famílias tradicionalmente capitalistas.

A associação de proprietários sob regime cooperativo tampouco desnatura o instituto da propriedade privada, e se ajusta à figura da Cira, também prevista expressamente no Estatuto da Terra (art. 4º, III) e que serve para evidenciar, à perfeição, o sentido da proposta, e que tem "a finalidade de industrializar a produção agropecuária, bem como realizar os demais objetivos previstos na legislação vigente".

As objeções e o alarme que se têm produzido em torno da terra reduzem-se, portanto, a um autêntico alarme falso, malgrado o ruído que produziu.

Como fazer a reforma agrária?

Acreditamos que, nesta oportunidade, e para oferecer algum material de debate aos cientistas sociais, aos dirigentes sindicais, aos agricultores e a todos os interessados que aqui se encontram, seria mais proveitoso, em vez de detalhar a proposta que já foi exaustivamente debatida pela imprensa e pelos meios de comunicação em geral, que se falasse alguma coisa a respeito da visão da direção do órgão que deve executar a reforma agrária no Brasil, no tocante à maneira de implementar esse processo. E, ao fazê-lo, é preciso passar rapidamente em revista os diversos fatores ou as condições necessárias para o êxito dessa tarefa.

A terra

Em primeiro lugar aparece inevitavelmente o fator terra. Quais áreas deverão ser afetadas e qual o estoque de terra disponível para assentar 7,1 milhões de famílias? As áreas serão evidentemente aquelas onde ocorrerem situações de precarismo,[4] de associação de sistemas de latifúndio-minifúndio, e elevados contingentes de assalariados, parceiros,[5] arrendatários,[6] posseiros e moradores; isso tudo está claramente definido no Estatuto da Terra graças à sabedoria dos legisladores de 1964, um dos quais, Odilon Ribeiro Coutinho, nos honra hoje aqui com a sua presença.

Teríamos terras suficientes para uma meta tão ambiciosa? A resposta, graças a Deus, é favorável. Temos repetido, com

---

4 O decreto 91.766/85, já citado, em seu art. 2º, parágrafo 3°, contrariou o Estatuto da Terra ao dispor que o "Poder Público evitará as desapropriações de imóveis rurais que apresentam elevada incidência de arrendatários e/ou parceiros".

5 *Ibid.* 4.

6 *Id.* 4.

o otimismo dos poetas, que fazer a reforma agrária no Brasil não oferece nenhuma dificuldade. Difícil, sim, foi realizar a reforma agrária no Japão – um pequeno arquipélago sobre as terras agrícolas –, e ela foi feita. No caso brasileiro, apenas para dar uma ideia, existem áreas agricultáveis (isto é, aquelas passíveis de produzir arroz, feijão e milho), completamente ociosas, atingindo perto de 177 milhões de hectares. Isso significa qualquer coisa parecida com seis vezes a área do estado de São Paulo. Essa superfície refere-se simplesmente à fração aproveitável não utilizada nos latifúndios, mas a lei permite lançar mão da área total dos latifúndios[7] e, se isso for feito, esse estoque de terras subiria a 312 milhões de hectares, o que significa mais de dez vezes a área total do estado de São Paulo.

Se estamos falando em latifúndio e necessariamente em terras de domínio privado, é justo que se indague também a respeito das terras públicas. Por que não lançar mão das terras públicas? A nossa resposta tem sido sempre a de indicar qual a área, a qualidade e a localização dessas terras. Existem atualmente, na realidade, mais de 100 milhões de hectares de terras públicas, mas infelizmente elas estão localizadas fora das regiões onde já existe infraestrutura, não têm condições de acesso nem de mercado e estão situadas dos lados do rio Amazonas, em solos extremamente pobres e sujeitos à erosão violenta. Além disso., quase sempre, depois de discriminadas, são reivindicadas como terras indígenas.

É claro que existem terras públicas da União e dos estados bem situadas, e elas necessariamente constituirão o primeiro recurso terra a ser utilizado pela reforma agrária. Lembramos

[7] Nesse particular o PNRA, tal como foi aprovado, também apresentou significativo recuo, consubstanciado pelo disposto no artigo 2º, parágrafo 2º do decreto antes citado.

aqui dois assentamentos bem conhecidos que utilizaram terras estaduais: Igaraçu, próximo aqui de Recife, e Pirituba, no estado de São Paulo.

Muitos falam também das terras da Igreja Católica, e a nossa resposta tem sido também que a Igreja, em termos de cadastro de imóveis rurais, não tem nenhum tratamento privilegiado: ela é inscrita no Incra como um proprietário qualquer e é muito fácil dizer quais são e onde estão situadas as terras pertencentes à Igreja. Infelizmente elas são muito poucas, apenas 180 mil hectares em todo o país. A maior parte dessa área está situada no estado do Piauí e, a título de comparação, deve-se mencionar um cidadão que detém 15% do estado do Acre e, nas suas 32 áreas apropriadas, quase 2 milhões de hectares, mais de dez vezes o total das terras da Igreja Católica para iniciar o projeto de reforma (e é realmente uma lástima que essas áreas não sejam mais amplas, já que a Igreja certamente não se oporia a dar o exemplo de colocá-las à disposição dos trabalhadores rurais sem-terra).

Os beneficiários

Para fazer uma reforma agrária, não basta distribuir ou redistribuir as terras, é um chavão que se houve constantemente. Na verdade, a terra não é todo o universo da reforma e seu domínio, em si mesmo, não é o objetivo do processo. É preciso que existam os interessados em cultivá-la, e estes não faltam no Brasil, seja na condição de precaristas, de assalariados e, ultimamente, até de acampados, simplesmente deixados na beira das estradas. Os beneficiários potenciais são hoje mais de 10 milhões, e quem tiver alguma dúvida de que eles existem e que têm capacidade de se tornar proprietários basta visitar algum projeto como os anteriormente mencionados.

É evidente que uma multidão dessa magnitude não pode ser atendida do dia para a noite. Por isso o plano fala em 15 anos, e alguns se surpreendem com essa dinâmica do tempo.

A nossa explicação tem sido de que todos os programas governamentais de médio e largo prazo inscrevem períodos com horizontes semelhantes; é assim com o programa nuclear, com o programa do aço e, para ficarmos na agricultura, com o Programa Nacional do Álcool, cujas projeções vão até o ano 2000. Com a reforma agrária não poderia ser de maneira diversa.[8] É um programa a médio e a longo prazo, que precisa ser desencadeado num momento histórico qualquer, mas que levará, para ser ultimado, no caso brasileiro, um mínimo de três lustros.

Recursos financeiros

Muitos se preocupam, principalmente aqueles que não querem a reforma, com os recursos financeiros, duvidando que exista a possibilidade concreta de bancar a sua execução.

Levantamentos efetuados em assentamentos bem-sucedidos, dentro e fora do Brasil, confirmam os custos inscritos na proposta, uma vez que a reforma agrária brasileira necessariamente precisa constituir-se num processo singelo e que deve contar com os trabalhos dos próprios beneficiários para realizar a maior parte das tarefas necessárias à consolidação dos assentamentos. É importante ainda comparar os custos da reforma agrária com os do processo de colonização. Dados de um levantamento feito pelo BID mostraram que os custos de uma amostra representativa de projetos de colonização

[8] O PNRA definitivo não incorporou, como já se viu, o horizonte de 15 anos, ao contrário do que foi feito para outros programas já citados.

realizados na América Latina são muito superiores aos da reforma agrária, uma vez que nestes não há necessidades de construção de estradas de acesso e de infraestrutura em geral. Esses custos encarecem tremendamente a colonização e beneficiam a reforma agrária, e isso explica em parte a opção que foi feita pelo atual governo.

Recursos humanos

Um outro requisito indispensável ao sucesso da reforma é a existência de recursos humanos. Aqui também é possível afirmar que os recursos existem, podem ser mobilizados, treinados e capacitados, inclusive em instituições respeitáveis, como a Fundação Joaquim Nabuco. Existe no Incra e em outros órgãos governamentais um grande número de especialistas plenamente habilitados a conduzir o processo de reforma agrária. E temos, principalmente na experiência camponesa, na sabedoria do trabalhador e na inteligência que o homem do campo tem demonstrado, as condições para o recrutamento e a utilização do melhor material humano para o êxito da reforma.

Há que se contar também com o apoio dos governos estaduais, e essa é uma orientação geral contida na proposta, uma vez que a postura do governo é de estímulo à descentralização. Será possível contar ainda com os Institutos de Terras dos estados, e a política do Incra tem sido a de fortalecer essas organizações e atribuir-lhes boa parte da responsabilidade na condução da reforma.

Espera-se ainda, na questão dos recursos humanos, uma forte participação dos municípios e existe no caso brasileiro, uma série de exemplos de presença das municipalidades na implementação de projetos bem-sucedidos.

A decisão política

Se existem terras, recursos financeiros e humanos, se dispomos do instrumental jurídico representado pela Emenda Constitucional n. 10 e pelo Estatuto da Terra, resta saber o que falta para o início efetivo de uma reforma agrária de verdade no Brasil. Essa indagação tem sido sempre respondida alegando a falta de decisão política. Essa era a única desculpa possível de oferecer, já que tínhamos tudo para implementar uma reforma, faltando apenas que o poder político a decidisse. Essa decisão parece ter finalmente acontecido, de maneira formal e solene, por meio da assinatura do protocolo da Aliança Democrática, quando os dois maiores partidos políticos nacionais se uniram e inscreveram a reforma agrária em sua plataforma de governo. Esse compromisso foi reiterado pelo falecido presidente Tancredo Neves e reafirmado pelo presidente Sarney em diversas oportunidades e em diversos plenários. Recebeu há pouco o apoio de mais de 20 governadores dos estados e territórios brasileiros, sem falar na bênção permanente que lhe dá a Igreja e o apoio indispensável dos trabalhadores e dos setores progressistas da sociedade brasileira.

Portanto, acredito[9] firmemente, como administrador público, não mais como poeta, que dentro de alguns meses manifestar-se contra a reforma agrária será um pecado tão grande como ter combatido a nacionalização do petróleo ou ter se manifestado contrário às eleições diretas.

---

[9] A bem da verdade, e visando facilitar o trabalho de eventuais estudiosos, as previsões do autor não estão encontrando respaldo na realidade dos fatos que aconteceram no período que decorreu entre a realização desta palestra (7 de agosto) e a revisão do seu texto (19 de dezembro de 1985).

Bibliografia citada

GOMES DA SILVA, J. O debate em torno da proposta do 1º PNRA da República: explicações necessárias. Brasília: [s.n.], 1985. Mimeografado.

INSTITUTO JOAQUIM NABUCO DE PESQUISAS SOCIAIS; MEC. Cana e reforma agrária. Recife: IJNPS, 1970.

MINISTÉRIO DA REFORMA E DO DESENVOLVIMENTO AGRÁRIO (MIRAD); INSTITUTO NACIONAL DE COLONIZAÇÃO E REFORMA AGRÁRIA (INCRA). Estatuto da Terra, extraído de "Coletânea" – MEAF/1983. Brasília: [s.n.], 1985a.

MINISTÉRIO DA REFORMA E DO DESENVOLVIMENTO AGRÁRIO (MIRAD); INSTITUTO NACIONAL DE COLONIZAÇÃO E REFORMA AGRÁRIA (INCRA). Proposta para a elaboração do 1º Plano Nacional de Reforma Agrária da Nova República – PNRA. Brasília: Mirad; Incra, 1985b.

CONTRIBUIÇÃO DA LEI DE REFORMA AGRÁRIA: O ESTATUTO DA TERRA

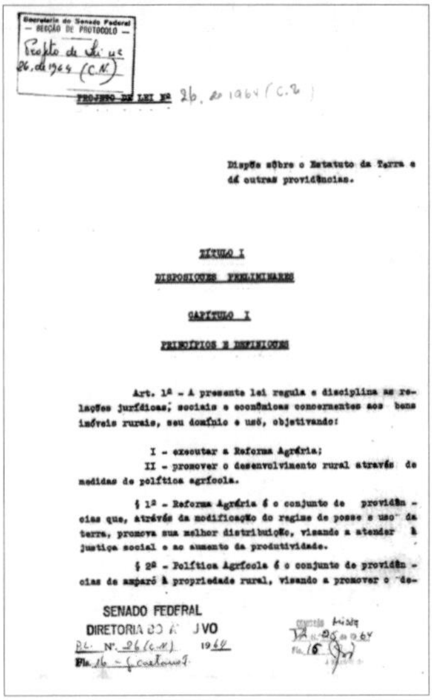

Secretaria do Senado Federal — SECÇÃO DE PROTOCOLO —

PROJETO DE LEI Nº 26, de 1964 (C.N.)

Dispõe sôbre o Estatuto da Terra e dá outras providências.

TÍTULO I

DISPOSIÇÕES PRELIMINARES

CAPÍTULO I

PRINCÍPIOS E DEFINIÇÕES

Art. 1º - A presente lei regula e disciplina as relações jurídicas, sociais e econômicas concernentes aos bens imóveis rurais, seu domínio e uso, objetivando:

I - executar a Reforma Agrária;

II - promover o desenvolvimento rural através de medidas de política agrícola.

§ 1º - Reforma Agrária é o conjunto de providências que, através da modificação do regime de posse e uso da terra, promova sua melhor distribuição, visando a atender à justiça social e ao aumento da produtividade.

§ 2º - Política Agrícola é o conjunto de providências de amparo à propriedade rural, visando a promover o de-

SENADO FEDERAL

DIRETORIA DO ARQUIVO

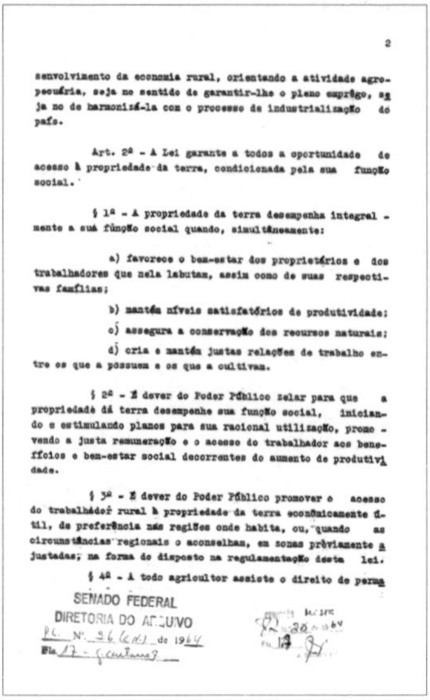

2

senvolvimento da economia rural, orientando a atividade agropecuária, seja no sentido de garantir-lhe o pleno emprêgo, seja no de harmonizá-la com o processo de industrialização do país.

Art. 2º - A Lei garante a todos a oportunidade de acesso à propriedade da terra, condicionada pela sua função social.

§ 1º - A propriedade da terra desempenha integralmente a sua função social quando, simultâneamente:

a) favorece o bem-estar dos proprietários e dos trabalhadores que nela labutam, assim como de suas respectivas famílias;

b) mantém níveis satisfatórios de produtividade;

c) assegura a conservação dos recursos naturais;

d) cria e mantém justas relações de trabalho entre os que a possuem e os que a cultivam.

§ 2º - É dever do Poder Público zelar para que a propriedade da terra desempenhe sua função social, iniciando e estimulando planos para sua racional utilização, promovendo a justa remuneração e o acesso do trabalhador aos benefícios e bem-estar social decorrentes do aumento de produtividade.

§ 3º - É dever do Poder Público promover o acesso do trabalhador rural à propriedade da terra econômicamente útil, de preferência nas regiões onde habita, ou, quando as circunstâncias regionais o aconselham, em zonas prèviamente ajustadas, na forma do disposto na regulamentação desta lei.

§ 4º - A todo agricultor assiste o direito de perma-

SENADO FEDERAL

DIRETORIA DO ARQUIVO

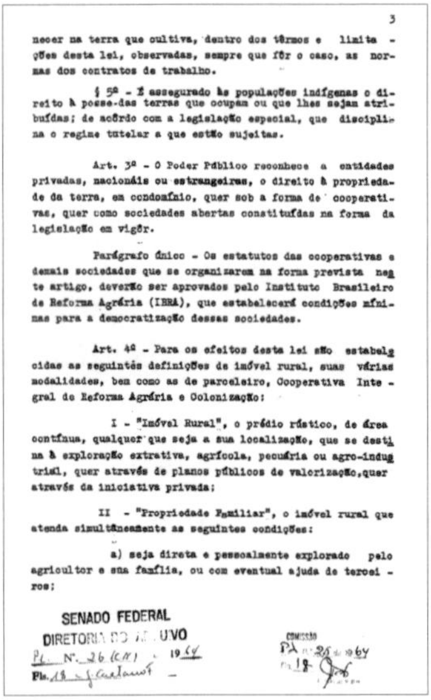

3

necer na terra que cultiva, dentro dos têrmos e limitações desta lei, observadas, sempre que fôr o caso, as normas dos contratos de trabalho.

§ 5º - É assegurado às populações indígenas o direito à posse das terras que ocupam ou que lhes sejam atribuídas, de acôrdo com a legislação especial, que disciplina o regime tutelar a que estão sujeitas.

Art. 3º - O Poder Público reconhece a entidades privadas, nacionais ou estrangeiras, o direito à propriedade da terra, em condomínio, quer sob a forma de cooperativas, quer como sociedades abertas constituídas na forma da legislação em vigor.

Parágrafo único - Os estatutos das cooperativas e demais sociedades que se organizarem na forma prevista neste artigo, deverão ser aprovados pelo Instituto Brasileiro de Reforma Agrária (IBRA), que estabelecerá condições mínimas para a democratização dessas sociedades.

Art. 4º - Para os efeitos desta lei são estabelecidas as seguintes definições de imóvel rural, suas várias modalidades, bem como as de parceleiro, Cooperativa Integral de Reforma Agrária e Colonização:

I - "Imóvel Rural", o prédio rústico, de área contínua, qualquer que seja a sua localização, que se destina à exploração extrativa, agrícola, pecuária ou agro-industrial, quer através de planos públicos de valorização, quer através da iniciativa privada;

II - "Propriedade Familiar", o imóvel rural que atenda simultâneamente as seguintes condições:

a) seja direta e pessoalmente explorado pelo agricultor e sua família, ou com eventual ajuda de terceiros;

SENADO FEDERAL

DIRETORIA DO ARQUIVO

Primeiras páginas da proposta do Estatuto da Terra, que foram entregues datilografadas, para enviar ao Senado. Provavlemente essa versão datilografa tenha sido feito por José Gomes da Silva

ESTATUTO DA TERRA – LEI N. 4.504, DE 30 DE NOVEMBRO DE 1964

Dispõe sobre o Estatuto da Terra, e dá outras providências.

O PRESIDENTE DA REPÚBLICA, Faço saber que o Congresso Nacional decreta e eu sanciono a seguinte Lei:

TÍTULO I
Disposições preliminares

CAPÍTULO I
Princípios e definições

Art. 1° Esta lei regula os direitos e obrigações concernentes aos bens imóveis rurais, para os fins de execução da Reforma Agrária e promoção da Política Agrícola.

§ 1° Considera-se Reforma Agrária o conjunto de medidas que visem a promover melhor distribuição da terra, mediante modificações no regime de sua posse e uso, a fim de atender aos princípios de justiça social e ao aumento de produtividade.

§ 2° Entende-se por Política Agrícola o conjunto de providências de amparo à propriedade da terra, que se destinem a orientar, no interesse da economia rural, as atividades agropecuárias, seja no sentido de garantir-lhes o pleno emprego, seja no de harmonizá-las com o processo de industrialização do país.

Art. 2° É assegurada a todos a oportunidade de acesso à propriedade da terra, condicionada pela sua função social, na forma prevista nesta lei.

§ 1° A propriedade da terra desempenha integralmente a sua função social quando, simultaneamente:

a) favorece o bem-estar dos proprietários e dos trabalhadores que nela labutam, assim como de suas famílias;
b) mantém níveis satisfatórios de produtividade;
c) assegura a conservação dos recursos naturais;
d) observa as disposições legais que regulam as justas relações de trabalho entre os que a possuem e a cultivem.

§ 2° É dever do Poder Público:

a) promover e criar as condições de acesso do trabalhador rural à propriedade da terra economicamente útil, de preferência nas regiões onde habita, ou, quando as circunstâncias regionais o aconselhem, em zonas previamente ajustadas na forma do disposto na regulamentação desta Lei;
b) zelar para que a propriedade da terra desempenhe sua função social, estimulando planos para a sua racional utilização, promovendo a justa remuneração e o acesso do trabalhador aos benefícios do aumento da produtividade e ao bem-estar coletivo.

§ 3º A todo agricultor assiste o direito de permanecer na terra que cultive, dentro dos termos e limitações desta lei, observadas, sempre que for o caso, as normas dos contratos de trabalho.

§ 4º É assegurado às populações indígenas o direito à posse das terras que ocupam ou que lhes sejam atribuídas de acordo com a legislação especial que disciplina o regime tutelar a que estão sujeitas.

Art. 3º O Poder Público reconhece às entidades privadas, nacionais ou estrangeiras, o direito à propriedade da terra em condomínio, quer sob a forma de cooperativas quer como sociedades abertas constituídas na forma da legislação em vigor.

Parágrafo único. Os estatutos das cooperativas e demais sociedades, que se organizarem na forma prevista neste artigo, deverão ser aprovados pelo Instituto Brasileiro de Reforma Agrária (Ibra), que estabelecerá condições mínimas para a democratização dessas sociedades.

Art. 4º Para os efeitos desta lei, definem-se:

I – "Imóvel rural", o prédio rústico, de área contínua, qualquer que seja a sua localização que, se destina à exploração extrativa agrícola, pecuária ou agroindustrial, quer através de planos públicos de valorização, quer através de iniciativa privada;

II – "Propriedade familiar", o imóvel rural que, direta e pessoalmente explorado pelo agricultor e sua família, lhes absorva toda a força de trabalho, garantindo-lhes a subsistência e o progresso social e econômico, com área máxima fixada para cada região e tipo de exploração, e eventualmente trabalho com a ajuda de terceiros;

III – "Módulo rural", a área fixada nos termos do inciso anterior;

IV – "Minifúndio", o imóvel rural de área e possibilidades inferiores às da propriedade familiar;

V – "Latifúndio", o imóvel rural que:

a) exceda à dimensão máxima fixada na forma do artigo 46, § 1°, alínea b, desta lei, tendo-se em vista as condições ecológicas, sistemas agrícolas regionais e o fim a que se destine;

b) não excedendo o limite referido na alínea anterior, e tendo área igual ou superior à dimensão do módulo de propriedade rural, seja mantido inexplorado em relação às possibilidades físicas, econômicas e sociais do meio, com fins especulativos, ou seja, deficiente ou inadequadamente explorado, de modo a vedar-lhe a inclusão no conceito de empresa rural;

VI – "Empresa rural" é o empreendimento de pessoa física ou jurídica, pública ou privada, que explore econômica e racionalmente imóvel rural, dentro de condição de rendimento econômico ...Vetado... da região em que se situe e que explore área mínima agricultável do imóvel segundo padrões fixados, pública e previamente, pelo Poder Executivo. Para esse fim, equiparam-se às áreas cultivadas, as pastagens, as matas naturais e artificiais e as áreas ocupadas com benfeitorias;

VII – "Parceleiro", aquele que venha a adquirir lotes ou parcelas em área destinada à Reforma Agrária ou à colonização pública ou privada;

VIII – "Cooperativa Integral de Reforma Agrária (Cira)", toda sociedade cooperativa mista, de natureza civil, ...Vetado... criada nas áreas prioritárias de Reforma Agrária, contando temporariamente com a contribuição financeira e técnica do Poder Público, através do Instituto Brasileiro de Reforma Agrária, com a finalidade de industrializar, beneficiar, preparar e padronizar a produção agropecuária, bem como realizar os demais objetivos previstos na legislação vigente;

IX – "Colonização", toda a atividade oficial ou particular, que se destine a promover o aproveitamento econômico da terra, pela sua divisão em propriedade familiar ou através de cooperativas ...Vetado...

Parágrafo único. Não se considera latifúndio:

a) o imóvel rural, qualquer que seja a sua dimensão, cujas características recomendem, sob o ponto de vista técnico e econômico, a exploração florestal racionalmente realizada, mediante planejamento adequado;
b) o imóvel rural, ainda que de domínio particular, cujo objeto de preservação florestal ou de outros recursos naturais haja sido reconhecido para fins de tombamento, pelo órgão competente da administração pública.

Art. 5° A dimensão da área dos módulos de propriedade rural será fixada para cada zona de características econômicas e ecológicas homogêneas, distintamente, por tipos de exploração rural que nela possam ocorrer.

Parágrafo único. No caso de exploração mista, o módulo será fixado pela média ponderada das partes do imóvel destinadas a cada um dos tipos de exploração considerados.

CAPÍTULO II
Dos acordos e convênios

Art. 6º A União, os Estados, o Distrito Federal e os municípios poderão unir seus esforços e recursos, mediante acordos, convênios ou contratos para a solução de problemas de interesse rural, principalmente os relacionados com a aplicação da presente lei, visando a implantação da Reforma Agrária e à unidade de critérios na execução desta.

Parágrafo único. Para os efeitos da Reforma Agrária, o Instituto Brasileiro de Reforma Agrária representará a União nos acordos, convênios ou contratos multilaterais referidos neste artigo.

Art. 7º Mediante acordo com a União, os Estados poderão encarregar funcionários federais da execução de leis e serviços estaduais ou de atos e decisões das suas autoridades, pertinentes aos problemas rurais, e, reciprocamente, a União poderá, em matéria de sua competência, cometer a funcionários estaduais encargos análogos, provendo às necessárias despesas de conformidade com o disposto no parágrafo terceiro do artigo 18 da Constituição Federal.

Art. 8º Os acordos, convênios ou contratos poderão conter cláusula que permita expressamente a adesão de outras pessoas de direito público, interno ou externo, bem como de pessoas físicas nacionais ou estrangeiras, não participantes direta dos atos jurídicos celebrados.

Parágrafo único. A adesão efetivar-se-á com a só notificação oficial às partes contratantes, independentemente de condição ou termo.

CAPÍTULO III
Das terras públicas e particulares

Seção I
Das terras públicas

Art. 9º Dentre as terras públicas, terão prioridade, subordinando-se aos itens previstos nesta lei, as seguintes:

I – as de propriedade da União, que não tenham outra destinação específica;

II – as reservadas pelo Poder Público para serviços ou obras de qualquer natureza, ressalvadas as pertinentes à segurança nacional, desde que o órgão competente considere sua utilização econômica compatível com a atividade principal, sob a forma de exploração agrícola;

III – as devolutas da União, dos Estados e dos municípios.

Art. 10. O Poder Público poderá explorar, direta ou indiretamente, qualquer imóvel rural de sua propriedade, unicamente para fins de pesquisa, experimentação, demonstração e fomento, visando o desenvolvimento da agricultura, a programas de colonização ou fins educativos de assistência técnica e de readaptação.

§ 1° Somente se admitirá a existência de imóveis rurais de propriedade pública, com objetivos diversos dos previstos neste artigo, em caráter transitório, desde que não haja viabilidade de transferi-los para a propriedade privada.

§ 2º Executados os projetos de colonização nos imóveis rurais de propriedade pública, com objetivos diversos dos previstos neste artigo, em caráter transitório.

§ 3º Os imóveis rurais pertencentes à União, cuja utilização não se enquadre nos termos deste artigo, poderão ser transferidos ao Instituto Brasileiro de Reforma Agrária, ou com ele permutados por ato do Poder Executivo.

Art. 11. O Instituto Brasileiro de Reforma Agrária fica investido de poderes de representação da União, para promover a discriminação das terras devolutas federais, restabelecida a instância administrativa disciplinada pelo Decreto-lei no 9.760, de 5 de setembro de 1946, e com autoridade para reconhecer as posses legítimas manifestadas através de cultura efetiva e morada habitual, bem como para incorporar ao patrimônio público as terras devolutas federais ilegalmente ocupadas e as que se encontrarem desocupadas.

§ 1° Através de convênios, celebrados com os Estados e municípios, iguais poderes poderão ser atribuídos ao Instituto Brasileiro de Reforma Agrária, quanto às terras devolutas estaduais e municipais, respeitada a legislação local, o regime jurídico próprio das terras situadas na faixa da fronteira nacional, bem como a atividade dos órgãos de valorização regional.

§ 2º Tanto quanto possível, o Instituto Brasileiro de Reforma Agrária imprimirá ao instituto das terras devolutas orientação tendente a harmonizar as peculiaridades regionais com os altos interesses do desbravamento através da colonização racional visando a erradicar os males do minifúndio e do latifúndio.

Seção II
Das terras particulares

Art. 12. À propriedade privada da terra cabe intrinsecamente uma função social e seu uso é condicionado ao bem-estar coletivo previsto na Constituição Federal e caracterizado nesta lei.

Art. 13. O Poder Público promoverá a gradativa extinção das formas de ocupação e de exploração da terra que contrariem sua função social.

Art. 14. O Poder Público facilitará e prestigiará a criação e a expansão de empresas rurais de pessoas físicas e jurídicas que tenham por finalidade o racional desenvolvimento extrativo agrícola, pecuário ou agroindustrial. Também promoverá a ampliação do sistema cooperativo e organização daquelas empresas, em companhias que objetivem a democratização do capital.

Art. 15. A implantação da Reforma Agrária em terras particulares será feita em caráter prioritário, quando se tratar de zonas críticas ou de tensão social.

TÍTULO II
Da Reforma Agrária

CAPÍTULO I
Dos objetivos e dos meios de acesso à propriedade rural

Art. 16. A Reforma Agrária visa a estabelecer um sistema de relações entre o homem, a propriedade rural e o uso da terra, capaz de promover a justiça social, o progresso e o bem-estar do trabalhador rural e o desenvolvimento econômico do país, com a gradual extinção do minifúndio e do latifúndio.

Parágrafo único. O Instituto Brasileiro de Reforma Agrária será o órgão competente para promover e coordenar a execução dessa reforma, observadas as normas gerais da presente lei e do seu regulamento.

Art. 17. O acesso à propriedade rural será promovido mediante a distribuição ou a redistribuição de terras, pela execução de qualquer das seguintes medidas:

a) desapropriação por interesse social;
b) doação;
c) compra e venda;
d) arrecadação dos bens vagos;
e) reversão à posse (Vetado) do Poder Público de terras de sua propriedade, indevidamente ocupadas e exploradas, a qualquer título, por terceiros;
f) herança ou legado.

Art. 18. A desapropriação por interesse social tem por fim:

a) condicionar o uso da terra à sua função social;
b) promover a justa e adequada distribuição da propriedade;
c) obrigar a exploração racional da terra;
d) permitir a recuperação social e econômica de regiões;
e) estimular pesquisas pioneiras, experimentação, demonstração e assistência técnica;
f) efetuar obras de renovação, melhoria e valorização dos recursos naturais;
g) incrementar a eletrificação e a industrialização no meio rural;
h) facultar a criação de áreas de proteção à fauna, à flora ou a outros recursos naturais, a fim de preservá-los de atividades predatórias.

Art. 19. A desapropriação far-se-á na forma prevista na Constituição Federal, obedecidas as normas constantes da presente lei.

§ 1° Se for intentada desapropriação parcial, o proprietário poderá optar pela desapropriação de todo o imóvel que lhe pertence, quando a área agricultável remanescente, inferior a cinquenta por cento da área original, ficar:

a) reduzida a superfície inferior a três vezes a dimensão do módulo de propriedade; ou
b) prejudicada substancialmente em suas condições de exploração econômica, caso seja o seu valor inferior ao da parte desapropriada.

§ 2º Para efeito de desapropriação observar-se-ão os seguintes princípios:

a) para a fixação da justa indenização, na forma do artigo 147, § 1°, da Constituição Federal, levar-se-ão em conta o valor declarado do imóvel para efeito do Imposto Territorial Rural, o valor constante do cadastro acrescido das benfeitorias com a correção monetária porventura cabível, apurada na forma da legislação específica, e o valor venal do mesmo;

b) o poder expropriante não será obrigado a consignar, para fins de imissão de posse dos bens, quantia superior à que lhes tiver sido atribuída pelo proprietário na sua última declaração, exigida pela Lei do Imposto de Renda, a partir de 1965, se se tratar de pessoa física ou o valor constante do ativo, se se tratar de pessoa jurídica, num e noutro caso com a correção monetária cabível;

c) efetuada a imissão de posse, fica assegurado ao expropriado o levantamento de oitenta por cento da quantia depositada para obtenção da medida possessória.

§ 3º Salvo por motivo de necessidade ou utilidade pública, estão isentos da desapropriação:

a) os imóveis rurais que, em cada zona, não excederem de três vezes o módulo de produto de propriedade, fixado nos termos do artigo 4º, inciso III;

b) os imóveis que satisfizerem os requisitos pertinentes à empresa rural, enunciados no artigo 4º, inciso VI;

c) os imóveis que, embora não classificados como empresas rurais, situados fora da área prioritária de Reforma Agrária, tiverem aprovados pelo Instituto Brasileiro de Reforma Agrária, e em execução projetos que em prazo determinado, os elevem àquela categoria.

§ 4° O foro competente para desapropriação é o da situação do imóvel.

§ 5º De toda decisão que fixar o preço em quantia superior à oferta formulada pelo órgão expropriante, haverá, obrigatoriamente, recurso de ofício para o Tribunal Federal de Recursos. Verificado, em ação expropriatória, ter o imóvel valor superior ao declarado pelo expropriado, e apurada a má-fé ou o dolo deste, poderá a sentença condená-lo à penalidade prevista no artigo 49, § 3º, desta lei, deduzindo-se do valor da indenização o montante da penalidade.

Art. 20. As desapropriações a serem realizadas pelo Poder Público, nas áreas prioritárias, recairão sobre:

I – os minifúndios e latifúndios;

II – as áreas já beneficiadas ou a serem por obras públicas de vulto;

III – as áreas cujos proprietários desenvolverem atividades predatórias, recusando-se a pôr em prática normas de conservação dos recursos naturais;

IV – as áreas destinadas a empreendimentos de colonização, quando estes não tiverem logrado atingir seus objetivos;

V – as áreas que apresentem elevada incidência de arrendatários, parceiros e posseiros;

VI – as terras cujo uso atual, estudos levados a efeito pelo Instituto Brasileiro de Reforma Agrária comprovem não ser o adequado à sua vocação de uso econômico.

Art. 21. Em áreas de minifúndio, o Poder Público tomará as medidas necessárias à organização de unidades econômicas adequadas, desapropriando, aglutinando e redistribuindo as áreas.

Art. 22. É o Instituto Brasileiro de Reforma Agrária autorizado, para todos os efeitos legais, a promover as desapropriações necessárias ao cumprimento da presente lei.

Parágrafo único. A União poderá desapropriar, por interesse social, bens do domínio dos Estados, municípios, Distrito Federal e territórios, precedido o ato, em qualquer caso, de autorização legislativa.

Art. 23. Os bens desapropriados por sentença definitiva, uma vez incorporados ao patrimônio público, não podem ser objeto de reivindicação, ainda que fundada em nulidade do processo de desapropriação. Qualquer ação julgada procedente, resolver-se-á em perdas e danos.

Parágrafo único. A regra deste artigo aplica-se aos imóveis rurais incorporados ao domínio da União, em consequência de ações por motivo de enriquecimento ilícito em prejuízo do Patrimônio Federal, os quais, transferidos ao Instituto Brasileiro de Reforma Agrária, serão aplicados aos objetivos desta lei.

CAPÍTULO II
Da distribuição de terras

Art. 24. As terras desapropriadas para os fins da Reforma Agrária que, a qualquer título, vierem a ser incorporadas ao patrimônio do Instituto Brasileiro de Reforma Agrária, respeitada a ocupação de terras devolutas federais manifestada em cultura efetiva e moradia habitual, só poderão ser distribuídas:

I – sob a forma de propriedade familiar, nos termos das normas aprovadas pelo Instituto Brasileiro de Reforma Agrária;

II – a agricultores cujos imóveis rurais sejam comprovadamente insuficientes para o sustento próprio e o de sua família;

III – para a formação de glebas destinadas à exploração extrativa, agrícola, pecuária ou agroindustrial, por associações de agricultores organizadas sob regime cooperativo;

IV – para fins de realização, a cargo do Poder Público, de atividades de demonstração educativa, de pesquisa, experimentação, assistência técnica e de organização de colônias-escola;

V – para fins de reflorestamento ou de conservação de reservas florestais a cargo da União, dos Estados ou dos municípios.

Art. 25. As terras adquiridas pelo Poder Público, nos termos desta lei, deverão ser vendidas, atendidas as condições de maioridade, sanidade e de bons antecedentes, ou de reabilitação, de acordo com a seguinte ordem de preferência:

I – ao proprietário do imóvel desapropriado, desde que venha a explorar a parcela, diretamente ou por intermédio de sua família;

II – aos que trabalhem no imóvel desapropriado como posseiros, assalariados, parceiros ou arrendatários;

III – aos agricultores cujas propriedades não alcancem a dimensão da propriedade familiar da região;

IV – aos agricultores cujas propriedades sejam comprovadamente insuficientes para o sustento próprio e o de sua família;

V – aos tecnicamente habilitados na forma da legislação em vigor, ou que tenham comprovada competência para a prática das atividades agrícolas.

§ 1° Na ordem de preferência de que trata este artigo, terão prioridade os chefes de famílias numerosas cujos membros se proponham a exercer atividade agrícola na área a ser distribuída.

§ 2º Só poderão adquirir lotes os trabalhadores sem terra, salvo as exceções previstas nesta lei.

§ 3º Não poderá ser beneficiário da distribuição de terras a que se refere este artigo o proprietário rural, salvo nos casos dos incisos I, III e IV, nem quem exerça função pública, autárquica ou em órgão paraestatal, ou se ache investido de atribuições parafiscais.

§ 4º Sob pena de nulidade, qualquer alienação ou concessão de terras públicas, nas regiões prioritárias, definidas na forma do artigo 43, será precedida de consulta ao Instituto Brasileiro de Reforma Agrária, que se pronunciará obrigatoriamente no prazo de sessenta dias.

Art. 26. Na distribuição de terras regulada por este capítulo, ressalvar-se-á sempre a prioridade pública dos terrenos de marinha e seus acrescidos na orla oceânica e na faixa marginal dos rios federais, até onde se faça sentir a influência das marés, bem como a reserva à margem dos rios navegáveis e dos que formam os navegáveis.

CAPÍTULO III
Do financiamento da Reforma Agrária

Seção I
Do Fundo Nacional de Reforma Agrária

Art. 27. É criado o Fundo Nacional de Reforma Agrária, destinado a fornecer os meios necessários para o financiamento da Reforma Agrária e dos órgãos incumbidos da sua execução.

Art. 28. O Fundo Nacional de Reforma Agrária será constituído:

I – do produto da arrecadação da Contribuição de Melhoria cobrada pela União de acordo com a legislação vigente;

II – da destinação específica de 3% (três por cento) da receita tributária da União;

III – dos recursos destinados em lei à Superintendência de Política Agrária (Supra), ressalvado o disposto no artigo 117;

IV – dos recursos oriundos das verbas de órgãos e de entidades vinculados por convênios ao Instituto Brasileiro de Reforma Agrária;

V – de doações recebidas;

VI – da receita do Instituto Brasileiro de Reforma Agrária.

§ 1° Os recursos de que tratam os incisos I e II, deste artigo, bem como os provenientes de quaisquer créditos adicionais destinados à execução dos planos nacional e regionais de Reforma Agrária, não poderão ser suprimidos, nem aplicados em outros fins.

§ 2º Os saldos dessas dotações em poder do Instituto Brasileiro de Reforma Agrária ou a seu favor, verificados no final de cada exercício, não prescrevem, e serão aplicados, na sua totalidade, em consonância com os objetivos da presente lei.

§ 3° Os tributos, dotações e recursos referidos nos incisos deste artigo terão a destinação, durante vinte anos, vinculada à execução dos programas da Reforma Agrária.

§ 4° Os atos relativos à receita do Instituto Brasileiro de Reforma Agrária constituída pelos recursos previstos no inciso II, e pelos resultados apurados no exercício anterior, nas hipóteses dos incisos I, III e IV, considerar-se-ão registrados, pelo Tribunal de Contas, a 1° de janeiro, e os respectivos recursos distribuídos ao Tesouro Nacional, que os depositará no Banco do Brasil, à disposição do referido Instituto, em quatro parcelas, até 31 de janeiro, 30 de abril, 31 de julho e 31 de outubro, respectivamente.

Art. 29. Além dos recursos do Fundo Nacional de Reforma Agrária, a execução dos projetos regionais contará com as contribuições financeiras dos órgãos e entidades vinculadas por convênios ao Instituto Brasileiro de Reforma Agrária, notadamente os de valorização regional, como a Superintendência do Desenvolvimento Econômico do Nordeste (Sudene), a Superintendência do Plano de Valorização Econômica da Amazônia (Spvea) a Comissão do Vale do São Francisco (CVSF) e a Superintendência do Plano de Valorização Econômica da Região da Fronteira Sudoeste do país (Sudoeste), os quais deverão destinar, para este fim, vinte por cento, no mínimo, de suas dotações globais.

Parágrafo único. Os recursos referidos neste artigo, depois de aprovados os planos para as respectivas regiões, serão entregues ao Instituto Brasileiro de Reforma Agrária, que, para a execução destes, contribuirá com igual quantia.

Art. 30. Para fins da presente lei, é o Poder Executivo autorizado a receber doações, bem como a contrair empréstimos no país e no exterior, até o limite fixado no artigo 105.

Art. 31. É o Instituto Brasileiro de Reforma Agrária autorizado a:

I – firmar convênios com os Estados, municípios, entidades públicas e privadas, para financiamento, execução ou administração dos planos regionais de Reforma Agrária;

II – colocar os títulos da Dívida Agrária Nacional para os fins desta lei;

III – realizar operações financeiras ou de compra e venda para os objetivos desta lei;

IV – praticar atos, tanto no contencioso quanto no administrativo, inclusive os relativos à desapropriação por interesse social ou por utilidade ou necessidade públicas.

Seção II
Do patrimônio do órgão de Reforma Agrária

Art. 32. O Patrimônio do Instituto Brasileiro de Reforma Agrária será constituído:

I – do Fundo Nacional de Reforma Agrária;

II – dos bens das entidades públicas incorporadas ao Instituto Brasileiro de Reforma Agrária;

III – das terras e demais bens adquiridos a qualquer título.

CAPÍTULO IV
Da execução e da administração da Reforma Agrária

Seção I
Dos planos nacional e regionais de Reforma Agrária

Art. 33. A Reforma Agrária será realizada por meio de planos periódicos, nacionais e regionais, com prazos e objetivos determinados, de acordo com projetos específicos.

Art. 34. O Plano Nacional de Reforma Agrária, elaborado pelo Instituto Brasileiro de Reforma Agrária e aprovado pelo Presidente da República, consignará necessariamente:

I – a delimitação de áreas regionais prioritárias;

II – a especificação dos órgãos regionais, zonas e locais, que vierem a ser criados para a execução e a administração da Reforma Agrária;

III – a determinação dos objetivos que deverão condicionar a elaboração dos planos regionais;

IV – a hierarquização das medidas a serem programadas pelos órgãos públicos, nas áreas prioritárias, nos setores de obras de saneamento, educação e assistência técnica;

V – a fixação dos limites das dotações destinadas à execução do plano nacional e de cada um dos planos regionais.

§ 1º Uma vez aprovados, os planos terão prioridade absoluta para atuação dos órgãos e serviços federais já existentes nas áreas escolhidas.

§ 2º As entidades públicas e privadas que firmarem acordos, convênios ou tratados com o Instituto Brasileiro de Reforma Agrária, nos termos desta lei, assumirão, igualmente, compromisso expresso, quanto à prioridade aludida no parágrafo anterior, relativamente aos assuntos e serviços de sua alçada nas respectivas áreas.

Art. 35. Os planos regionais de Reforma Agrária antecederão, sempre, qualquer desapropriação por interesse social, e serão elaborados pelas delegacias regionais do Instituto Brasileiro de Reforma Agrária (Ibra), obedecidos os seguintes requisitos mínimos:

I – delimitação da área de ação;

II – determinação dos objetivos específicos da Reforma Agrária na região respectiva;

III – fixação das prioridades regionais;

IV – extensão e localização das áreas desapropriáveis;

V – previsão das obras de melhoria;

VI – estimativa das inversões necessárias e dos custos.

Art. 36. Os projetos elaborados para regiões geo-econômicas ou grupos de imóveis rurais, que possam ser tratados em comum, deverão consignar:

I – o levantamento socioeconômico da área;

II – os tipos e as unidades de exploração econômica perfeitamente determinados e caracterizados;

III – as obras de infraestrutura e os órgãos de defesa econômica dos parceleiros necessários à implementação do projeto;

IV – o custo dos investimentos e o seu esquema de aplicação;

V – os serviços essenciais a serem instalados no centro da comunidade;

VI – a renda familiar que se pretende alcançar;

VII – a colaboração a ser recebida dos órgãos públicos ou privados que celebrarem convênios ou acordos para a execução do projeto.

Seção II
Dos órgãos específicos

Art. 37. São órgãos específicos para a execução da Reforma Agrária:

I – o Instituto Brasileiro de Reforma Agrária (Ibra);

II – as delegacias regionais do Instituto Brasileiro de Reforma Agrária (Ibra);

III – as comissões agrárias.

§ 1° O Instituto Brasileiro de Reforma Agrária (Ibra) é órgão autárquico, dotado de personalidade jurídica e autonomia financeira, com sede na capital da República e jurisdição em todo o território nacional, diretamente subordinado à presidência da República.

§ 2º O Instituto Brasileiro de Reforma Agrária tem as seguintes atribuições:

a) promover a elaboração e coordenar a execução do Plano Nacional de Reforma Agrária, a ser submetido à aprovação do presidente da República;
b) sugerir ao presidente da República as medidas necessárias à articulação e cooperação das três ordens administrativas da República para a execução do Plano Nacional de Reforma Agrária, inclusive as alterações da presente lei, bem como os atos complementares que se tornarem necessários;
c) promover, direta ou indiretamente, a execução da Reforma Agrária, no âmbito nacional, orientando,

fiscalizando e assistindo tecnicamente os órgãos executivos regionais, zonais e locais, bem como coordenando os órgãos federais interessados na execução da presente lei e do seu regulamento;

d) administrar o Fundo Nacional de Reforma Agrária, promover ou firmar convênios e colocar os títulos da Dívida Agrária Nacional, emitidos nos termos desta lei e de seu regulamento;

e) promover a criação das delegacias regionais da Reforma Agrária e das comissões agrárias, bem como outros órgãos e serviços descentralizados que se tornarem necessários para execução da presente lei;

f) exercer quaisquer outras atividades compatíveis com as finalidades desta lei, inclusive baixando os atos normativos tendentes a facilitar o seu funcionamento, nos termos do regulamento que for expedido.

Art. 38. O Instituto Brasileiro de Reforma Agrária será dirigido por uma diretoria composta de cinco membros, nomeados pelo presidente da República, dentre brasileiros de notável saber e idoneidade depois de aprovada a escolha pelo Senado Federal.

§ 1° O presidente do Instituto Brasileiro de Reforma Agrária, também nomeado com prévia aprovação do Senado Federal, dentre os membros da diretoria, terá remuneração correspondente a setenta e cinco por cento do que percebem os ministros de Estado.

§ 2º O Poder Executivo estabelecerá, na regulamentação desta lei, as funções do Presidente e dos demais membros da diretoria do Instituto Brasileiro de Reforma Agrária.

§ 3º Integrarão, ainda, a administração do Instituto Brasileiro de Reforma Agrária:

a) um conselho técnico, anualmente renovado pelo terço, constituído por nove membros de comprovada experiência no campo dos problemas rurais, com mandatos renováveis de três anos, tendo como presidente o do Instituto Brasileiro de Reforma Agrária;
b) uma secretaria executiva.

§ 4º Os membros do conselho técnico serão de nomeação do presidente da República, e o secretário executivo, de confiança e nomeação do presidente do Instituto Brasileiro de Reforma Agrária.

Art. 39. Ao conselho técnico competirá discutir e propor as diretrizes dos planos nacional e regionais de Reforma Agrária, estudar e sugerir medidas de caráter legislativo e administrativo, necessárias à boa execução da reforma.

Art. 40. À secretaria executiva competirá elaborar e promover a execução do plano nacional de Reforma Agrária, assessorar as delegacias regionais, analisar os projetos regionais e dirigir a vida administrativa do Instituto Brasileiro de Reforma Agrária.

Art. 41. As delegacias regionais do Instituto Brasileiro de Reforma Agrária (Ibra), cada qual dirigida por um delegado regional, nomeado pelo presidente do Instituto Brasileiro de Reforma Agrária dentre técnicos de comprovada experiência em problemas agrários e reconhecida idoneidade, são órgãos executores da reforma nas regiões do país, com áreas de jurisdição, competência e funções que serão fixadas na regulamentação da presente lei, compreendendo a elaboração do cadastro, classificação das terras, formas e condições de uso atual e potencial da propriedade, preparo das propostas de desapropriação e seleção dos candidatos à aquisição das parcelas.

Parágrafo único. Dentro de cento e oitenta dias, após a publicação do decreto que a criar, a delegacia regional apresentará ao presidente do Instituto Brasileiro de Reforma Agrária o plano regional de Reforma Agrária, na forma prevista nesta lei.

Art. 42. A comissão agrária, constituída de um representante do Instituto Brasileiro de Reforma Agrária, que a presidirá, de três representantes dos trabalhadores rurais, eleitos ou indicados pelos órgãos de classe respectivos, de três representantes dos proprietários rurais, eleitos ou indicados pelos órgãos de classe respectivos, um representante categorizado de entidade pública vinculada à agricultura e um representante dos estabelecimentos de ensino agrícola, é o órgão competente para:

I – instruir e encaminhar os pedidos de aquisição e de desapropriação de terras;

II – manifestar-se sobre a lista de candidatos selecionados para a adjudicação de lotes;

III – oferecer sugestões à delegacia regional na elaboração e execução dos programas regionais de Reforma Agrária;

IV – acompanhar, até sua implantação, os programas de reformas nas áreas escolhidas, mantendo a delegacia regional informada sobre o andamento dos trabalhos.

§ 1° A comissão agrária será constituída quando estiver definida a área prioritária regional de reforma agrária e terá vigência até a implantação dos respectivos projetos.

§ 2º Vetado.

TÍTULO III
Da política de desenvolvimento rural

CAPÍTULO I
Da tributação da terra

(...)

Seção II
Do Imposto Territorial Rural

Art. 48. Observar-se-ão, quanto ao Imposto Territorial Rural, os seguintes princípios:

I – a União poderá atribuir, por convênio, aos Estados e municípios, o lançamento, tendo por base os levantamentos cadastrais executados e periodicamente atualizados;

II – a União também poderá atribuir, por convênio, aos municípios, a arrecadação, ficando a eles garantida a utilização da importância arrecadada;

III – quando a arrecadação for atribuída, por convênio, ao município, à União caberá o controle da cobrança;

IV – as épocas de cobrança deverão ser fixadas em regulamento, de tal forma que, em cada região, se ajustem, o mais possível, aos períodos normais de comercialização da produção;

V – o imposto arrecadado será contabilizado diariamente como depósito à ordem, exclusivamente, do município, a que pertencer e a ele entregue diretamente pelas repartições arrecadadoras, no último dia útil de cada mês;

VI – o imposto não incidirá sobre sítios de área não excedente a vinte hectares, quando os cultive só, ou com sua família, o proprietário que não possua outro imóvel (artigo 29, parágrafo único, da Constituição Federal).

Art. 49. As normas gerais para a fixação do imposto territorial obedecerão a critérios de progressividade e regressividade, levando-se em conta os seguintes fatores:

I – os valores da terra e das benfeitorias do imóvel;

II – a área e dimensões do imóvel e das glebas de diferentes usos;

III – a situação do imóvel em relação aos elementos do inciso II do artigo 46;

IV – as condições técnicas e econômicas de exploração agropecuária-industrial;

V – a natureza da posse e as condições de contratos de arrendatários, parceiros e assalariados;

VI – a classificação das terras e suas firmas de uso e rentabilidade;

VII – a área total agricultável do conjunto de imóveis rurais de um mesmo proprietário no país.

§ 1º Os fatores mencionados neste artigo, exceção feita dos indicados no inciso III, serão declarados pelo proprietário ou obtidos em levantamento cadastral.

§ 2º Todos os proprietários rurais ficam obrigados, para os fins previstos nesta lei, a fazer declaração de propriedade, nos prazos e segundo normas fixadas na regulamentação desta lei.

§ 3º As declarações dos proprietários, para fornecimento de dados destinados à inscrição cadastral, são feitas sob sua inteira responsabilidade e, no caso de dolo ou má-fé, os obrigarão ao pagamento em dobro dos tributos realmente devidos, além das multas decorrentes das despesas com as verificações necessárias.

Art. 50. O valor básico do imposto será determinado em alíquota de dois décimos por cento sobre o valor real da terra nua, declarado pelo proprietário e não impugnado pelo órgão competente, ou resultante da avaliação cadastral.

(...)

CAPÍTULO II
Da colonização

Seção I
Da colonização oficial

Art. 55. Na colonização oficial, o Poder Público tomará a iniciativa de recrutar e selecionar pessoas ou famílias, dentro ou fora do território nacional, reunindo-as em núcleos agrícolas ou agroindustriais, podendo encarregar-se de seu transporte, recepção, hospedagem e encaminhamento, até a sua colocação e integração nos respectivos núcleos.

Art. 56. A colonização oficial deverá ser realizada em terras já incorporadas ao Patrimônio Público ou que venham a sê-lo. Ela será efetuada, preferencialmente, nas áreas:

I – ociosas ou de aproveitamento inadequado;

II – próximas a grandes centros urbanos e de mercados de fácil acesso, tendo em vista os problemas de abastecimento;

III – de êxodo, em locais de fácil acesso e comunicação, de acordo com os planos nacionais e regionais de vias de transporte;

IV – de colonização predominantemente estrangeira, tendo em mira facilitar o processo de interculturação;

V – de desbravamento ao longo dos eixos viários, para ampliar a fronteira econômica do país.

Art. 57. Os programas de colonização têm em vista, além dos objetivos especificados no artigo 56:

I – a integração e o progresso social e econômico do parceleiro;

II – o levantamento do nível de vida do trabalhador rural;

III – a conservação dos recursos naturais e a recuperação social e econômica de determinadas áreas;

IV – o aumento da produção e da produtividade no setor primário.

Art. 58. Nas regiões prioritárias definidas pelo zoneamento e na fixação de suas populações em outras regiões, caberão ao Instituto Brasileiro de Reforma Agrária as atividades colonizadoras.

§ 1° Nas demais regiões, a colonização oficial obedecerá à metodologia observada nos projetos realizados nas áreas prioritárias, e será coordenada pelo órgão do Ministério da Agricultura referido no artigo 74, e executada por este, pelos governos estaduais ou por entidades de valorização regional, mediante convênios.

§ 2º As atribuições referentes à seleção de imigrantes são da competência do Ministério das Relações Exteriores, conforme diretrizes fixadas pelo Ministério da Agricultura, em articulação com o Ministério do Trabalho e Previdência Social, cabendo ao órgão referido no artigo 74 a recepção e o encaminhamento dos imigrantes.

Art. 59. O órgão competente do Ministério da Agricultura referido no artigo 74 poderá criar núcleos de colonização, visando a fins especiais, e deverá igualmente entrar em entendimentos com o Ministério da Guerra para o estabelecimento de colônias, com assistência militar, na fronteira continental.

(...)

CAPÍTULO III

(...)

Da assistência e proteção à economia rural

Seção V

Do cooperativismo

Art. 79. A Cooperativa Integral de Reforma Agrária (Cira) contará com a contribuição financeira do Poder Público, através do Instituto Brasileiro de Reforma Agrária, durante o período de implantação dos respectivos projetos.

§ 1° A contribuição financeira referida neste artigo será feita de acordo com o vulto do empreendimento, a possibilidade de obtenção de crédito, empréstimo ou financiamento externo e outras facilidades.

§ 2º A Cooperativa Integral de Reforma Agrária terá um delegado indicado pelo Instituto Brasileiro de Reforma Agrária, integrante do conselho de administração, sem direito a voto, com a função de prestar assistência técnico-administrativa à diretoria e de orientar e fiscalizar a aplicação de recursos que o Instituto Brasileiro de Reforma Agrária tiver destinado à entidade cooperativa.

§ 3º Às cooperativas assim constituídas será permitida a contratação de gerentes não cooperados na forma de lei.

§ 4º A participação direta do Instituto Brasileiro de Reforma Agrária na constituição, instalação e desenvolvimento da Cooperativa Integral de Reforma Agrária, quando constituir contribuição financeira, será feita com recursos do Fundo Nacional de Reforma Agrária, na forma de investimentos sem recuperação direta, considerada a finalidade social e econômica desses investimentos. Quando se tratar de assistência creditária, tal participação será feita por intermédio do Banco Nacional de Crédito Cooperativo, de acordo com normas traçadas pela entidade coordenadora do crédito rural.

§ 5º A contribuição do Estado será feita pela Cooperativa Integral de Reforma Agrária, levada à conta de um fundo de implantação da própria cooperativa.

§ 6º Quando o empreendimento resultante do projeto de Reforma Agrária tiver condições de vida autônoma, sua emancipação será declarada pelo Instituto Brasileiro de Reforma Agrária, cessando as funções do delegado de que trata o § 2º deste artigo e incorporando-se ao patrimônio da cooperativa o fundo requerido no parágrafo anterior.

§ 7º O Estatuto da Cooperativa Integral de Reforma Agrária deverá determinar a incorporação ao Banco Nacional de Crédito Cooperativo do remanescente patrimonial, no caso de dissolução da sociedade.

§ 8º Além da sua designação qualitativa, a Cooperativa Integral de Reforma Agrária adotará a denominação que o respectivo estatuto estabelecer.

§ 9º As cooperativas já existentes nas áreas prioritárias poderão transformar-se em Cooperativas Integradas de Reforma Agrária, a critério do Instituto Brasileiro de Reforma Agrária.

§ 10. O disposto nesta seção aplica-se, no que couber, às demais cooperativas, inclusive às destinadas a atividades extrativas.

Art. 80. O órgão referido no artigo 74 deverá promover a expansão do sistema cooperativista, prestando, quando necessário, assistência técnica, financeira e comercial às cooperativas visando à capacidade e ao treinamento dos cooperados para garantir a implantação dos serviços administrativos, técnicos, comerciais e industriais.

(...)

Art. 128. Esta lei entrará em vigor na data de sua publicação, revogadas as disposições em contrário.

Brasília, 30 de novembro de 1964; 143º da Independência e 76º da República.

H. CASTELLO BRANCO

Presidente da República

(Este texto não substitui o publicado no D.O.U. de 31/11/1964)

NOTAS SOBRE OS 40 ANOS DO ESTATUTO DA TERRA

João Pedro Stedile

1. No dia 30 de novembro de 1964, o Marechal Castelo Branco, um dos comandantes do golpe militar de abril de 1964, promulgou a Lei nº 4.504, conhecida como o Estatuto da Terra e que se constituiu, efetivamente, como a primeira lei brasileira de reforma agrária. De tramitação rápida, foi analisada pelos assessores do presidente durante algumas semanas e promulgada sem passar pelo Congresso Nacional que, naquela ocasião, sob intervenção e sem forças políticas, encontrava-se totalmente desfigurado de suas atribuições.

2. Por paradoxal que possa parecer, embora tenha sido gerado no seio de uma ditadura militar, o Estatuto da Terra teve importante significação como resultado de um longo processo de luta de camponeses e de cidadãos comprometidos com a reforma agrária.

3. A demanda por reforma agrária sempre foi um tema sempre presente na história do Brasil, reivindicada tanto pelos camponeses quanto por outros segmentos da sociedade, preocupados com as injustiças do campo. Em 1844, Joaquim Nabuco já defendia a necessidade de reforma agrária; porém, no período da República Velha, temos a hegemonia política da oligarquia rural e, como diz Manuel Correia de Andrade, "a República Velha foi apenas

uma forma de as oligarquias manterem seus privilégios e o monopólio da terra".

4. Contudo, após a Segunda Guerra Mundial, o tema volta com grande força e são apresentadas à sociedade diversas propostas de projetos de lei de reforma agrária, tais como:

5. No Congresso Constituinte de 1946, o então senador Luiz Carlos Prestes apresentou, em nome da bancada do PCB, a primeira lei de reforma agrária ampla. Logo a seguir, os parlamentares do partido foram cassados e a proposta de reforma agrária foi arquivada.

6. Em 1954, a bancada do PTB apresentou uma proposta de lei de reforma agrária que tampouco prosperou.

7. Em setembro de 1963, o deputado federal Leonel Brizola, com a colaboração de Paulo Schilling, apresentou um projeto de lei de reforma agrária sintonizado com as ideias da esquerda da época. Foi considerado muito radical e não vingou.

8. Em 13 de março de 1964, no famoso comício da Central do Brasil, o então presidente João Goulart anunciou, diante de um público de mais de 200 mil pessoas, que iria enviar ao Congresso Nacional um projeto de lei de reforma agrária em que previa o estabelecimento do tamanho máximo de mil hectares para a propriedade rural e a consequente desapropriação de todas as fazendas acima desse limite, ao longo de 10 quilômetros de cada margem de todas as estradas federais. Tal projeto, conhecido como decreto Supra – Superintendência da Reforma Agrária – sequer teve tempo de ter apresentadas as considerações de seu relator, o então deputado federal Plínio de Arruda Sampaio, e foi abortado pelo golpe militar.

9. Todas essas propostas de leis de reforma agrária que foram elaboradas no período 1946 a 1964 representavam a

tentativa de buscar uma saída legal para a enorme pressão exercida pelos movimentos camponeses. Vale lembrar que esse é um período de ascensão das lutas pela terra em todo o território, dando origem à criação de movimentos camponeses articulados em âmbito nacional e com formação de consciência de classe em si. É desse período a organização de movimentos camponeses com grande capacidade de mobilização, tais como as Ligas Camponesas, particularmente no Nordeste; União de Lavradores e Trabalhadores Agrícolas do Brasil (Ultabs); Movimento de Agricultores Sem Terra (Master), mais localizados no Sul do Brasil; Frente Agrária Católica, articulação de camponeses organizada pelas dioceses locais e, finalmente, a partir de 1963, a criação dos sindicatos rurais que até então eram proibidos.

10. Em 1964, com o golpe militar que destituiu Goulart, assume o governo o marechal Humberto Castelo Branco e em novembro do mesmo ano, edita o Estatuto da Terra. Considerando-se a época e as circunstâncias políticas de uma ditadura militar, o Estatuto da Terra foi considerado uma legislação progressista, pois pela primeira vez no país, instituiu:

a) Cadastro de todas as propriedades de terra do país;
b) Criou um organismo público federal Instituto Brasileiro de Reforma Agrária (Ibra) encarregado do cadastro das propriedades, dos processos de colonização de terras públicas e de desapropriação de terras. O Ibra, em sua evolução veio a ser o que hoje é o Instituto Nacional de Colonização e Reforma Agrária (Incra).
c) Criou o instituto da desapropriação pelo Estado daquelas propriedades que subutilizavam seu potencial produtivo. E, portanto, rompeu com o direito absoluto à propriedade da terra, a condicionou à

propriedade, e a utilização social. E deu poderes ao Estado para intervir em nome da sociedade.

d) Uma classificação geral para todas as propriedades, baseadas em critérios de tamanho, utilização e capacidade de produção. Por esses critérios seriam considerados minifúndios aquelas propriedades que por sua condição (de tamanho ou produção?) não era suficiente para atender às necessidades de progresso das famílias; empresas rurais seriam aquelas propriedades consideradas ideais, cuja produção gerava lucro e proporcionava o progresso de seus proprietários; latifúndio seriam todas as propriedades mal utilizadas, atrasadas. E dentro do latifúndio subdividiu em latifúndio por exploração, medido por sua produção e produtividade; e latifúndio por extensão, que designava todas as propriedades a partir de determinado tamanho, independente do grau de aproveitamento das terras.
e) A desapropriação para fins de reforma agrária de todas as propriedades classificadas como minifúndio, visando ao reagrupamento da área; e das propriedades classificadas como latifúndio, objetivando a distribuição de terras.
f) Critérios de pagamento da área desapropriada: em dinheiro, apenas as benfeitorias, por ser resultado do trabalho. Terra nua, pagamento em Títulos da Dívida Pública, resgatáveis em vinte anos.
g) A obrigatoriedade do pagamento do Imposto Territorial Rural (ITR), que até então não existia, e destinava esses recursos para o programa de reforma agrária.
h) O conceito e a possibilidade de formação de cooperativas – forma coletiva de organização da propriedade da terra e da produção nas áreas reformadas

11. Fica difícil entender, então, como uma lei tão progressista possa ter sido promulgada por um governo ditatorial militar que, desde o início, desencadeou uma implacável perseguição a todos que defendiam a reforma agrária. E, mais ainda, o braço da repressão alcançou e praticamente destruiu todos os movimentos camponeses existentes até então, tais como Ligas Camponesas, Ultabs, Master, sindicatos e até mesmo alguns grupos localizados, cujas lideranças pagaram com a própria vida ou amargaram anos e anos de exílio.

12. O saudoso companheiro José Gomes da Silva nos fornece pistas para esclarecer o que, a princípio, se configura como uma contradição. Segundo ele, que também foi um dos mentores do Estatuto da Terra, há de se considerar duas vertentes na elaboração do estatuto. A primeira, seria o ideário cepalino defendido pelo ministro deposto e economista Celso Furtado, por Ignácio Rangel entre outros, e que era também uma tese bem aceita em diversos segmentos da sociedade que defendiam o caminho do desenvolvimento do mercado interno, interiorização da indústria nacional, distribuição de renda e, por conseguinte, a reforma agrária como forma de desenvolver as forças produtivas e o capitalismo no país.

13. A outra vertente tem origem nas ideias defendidas pelos estadunidenses, na reunião de Punta del Este, em 1961, quando o presidente John Kennedy, dos Estados Unidos, propôs a criação da Aliança para o Progresso do continente americano. Para isso, defendia a necessidade de reestruturação da propriedade da terra como forma de consolidar a via capitalista, assustado que estava com as consequências e possível influência da recente Revolução Cubana, que teve forte base social entre os camponeses sem terra e que, como uma

das primeiras medidas, decretou a expropriação de grandes extensões de terra de empresas estadunidenses.

14. A consequência imediata daquela reunião foi a aprovação pela Organização dos Estados Americanos (OEA) da criação de um instituto destinado a pesquisar e preparar técnicos de todos os países-membros com o objetivo de criar as condições técnicas e jurídicas para uma reforma agrária clássica que possibilitasse o desenvolvimento do capitalismo. Assim, nasceu o Instituto de Investigações e Ciências Agrárias (IICA), com sede na Costa Rica, para onde, a partir de 1962, todos os governos passaram a enviar seus técnicos para estudarem e se prepararem para a reforma agrária.

15. Aqui no Brasil, embora o governo Goulart teoricamente estivesse distanciado dos Estados Unidos, mesmo assim, como parte dos acordos internacionais, também mandou uma missão de técnicos e, entre eles, José Gomes da Silva.

16. No período decorrido entre a preparação e o retorno da equipe de técnicos, acontece o golpe militar que, entre outras coisas, visava combater a reforma agrária radical propugnada pelas Ligas Camponesas e pelos comunistas.

17. Contudo, o marechal Castelo Branco, que havia sido formado ideologicamente nos Estados Unidos e, portanto, influenciado pelas ideias de Kennedy, considerava necessário realizar algum tipo de reforma agrária para minimizar o problema da pobreza, particularmente no Nordeste, que ele, por ser cearense, conhecia bem.

18. Com esse propósito, no mês de outubro de 1964, comentou com o seu ministro do Planejamento, Roberto Campos, sua intenção de constituir um grupo de trabalho para preparar um programa de reforma agrária. Foi informado, então, sobre o grupo que havia ido à Costa Rica,

como também sobre os estudos que já existiam no próprio Ministério. Castelo Branco encarregou o seu ministro de articular o grupo para elaborar uma proposta de reforma agrária.

19. Elaboraram uma primeira proposta, embora ninguém, em sã consciência, acreditasse na sinceridade das intenções do marechal Castelo Branco. Na época, a notícia vazou e o jornal conservador O Estado de S. Paulo reagiu tentando desmoralizar a proposta, talvez por considerá-la incompatível com os propósitos de uma "revolução" desencadeada para conter os comunistas.

20. Essa reação conservadora não demoveu o marechal. Contam que ele fez algumas anotações, pequenas mudanças na proposta original, reuniu-se mais algumas vezes com seu ministro do Planejamento e, muito rapidamente, como que se precavendo de possíveis pressões internas dos próprios golpistas, no dia 30 de novembro promulgou, finalmente, a primeira lei de reforma agrária no Brasil.

21. A história subsequente é de todos conhecida. A promessa de redemocratização e de respeito ao calendário eleitoral de 1966 foi esquecida. A ditadura tornou-se mais violenta com os seus opositores. O marechal Castelo Branco morreu num estranho acidente provocado pelo choque entre duas aeronaves nas proximidades de Fortaleza. Também mudaram as táticas políticas dos Estados Unidos para a América Latina que, deixando de lado o eufemismo da Aliança para o Progresso, claramente passou então a promover e dar sustentação a vários governos ditatoriais militares no continente.

22. Em dezembro de 1968, a promulgação do Ato Institucional nº 5 amplia e aprofunda a repressão aos seus opositores, em particular estudantes, trabalhadores urbanos, profissionais

liberais em geral, oriundos da classe média. O Estatuto da Terra foi relegado ao esquecimento.

23. Na década de 1970, com a ascensão do general Emílio Médici – e seu projeto geopolítico de expansão populacional e ocupação da Amazônia – trouxe novamente à baila o Estatuto da Terra, que serviu como o instrumento jurídico institucional tanto para a venda de terras públicas para grandes empresas quanto para ampliação de projetos oficiais de colonização dirigidos aos camponeses sem terra do Sul e do Nordeste.

24. Com esse propósito, foram abertas novas e extensas rodovias em direção ao Oeste, em particular, a BR-364, ligando Brasília – Cuiabá – Porto Velho e abrindo o território de Rondônia para ocupação. Posteriormente, a Transamazônica, ligando Teresina a Itaituba, em meio à floresta paraense. E, finalmente, a Cuiabá – Santarém, que deveria ligar a BR 364 à Transamazônica, encontrando-se à altura da Rurópolis Presidente Médici, no Estado do Pará.

25. Essas rodovias foram construídas para levar os contingentes de sem-terra e, ao mesmo tempo, possibilitar o deslocamento da mão de obra barata para a exploração da madeira, de minérios e demais recursos naturais da Amazônia. Como dizia o general Médici, "vamos levar gente sem terra para uma terra sem gente".

26. Em essência, até aí, o Estatuto da Terra, que fora concebido no marco de uma política de reforma agrária destinada a impulsionar o desenvolvimento do capitalismo, tem seu uso limitado à privatização de terras públicas e programas de colonização.

27. Quando a ditadura militar começa a dar sinais de crise a partir de 1976, durante o governo do general Ernesto Geisel

e, posteriormente no governo do general João Figueiredo, invoca-se o Estatuto da Terra para realizar desapropriações em algumas áreas de conflito social. Inaugura-se então a reforma agrária pontual, destinada a amainar os conflitos sociais e evitar reações mais vigorosas dos camponeses. Esse artifício não funcionou, e o que vimos no período de 1979-1983 foi a eclosão de muitas lutas de posseiros da Amazônia e o ressurgimento da luta "massiva" pela terra em praticamente todo o território nacional.

28. Em 1985, a eleição de Tancredo Neves no Colégio Eleitoral marca o fim da ditadura militar e o novo período de governos civis. Tancredo Neves havia se comprometido em priorizar e ampliar o projeto de reforma agrária. Para isso, convidou o Dr. José Gomes da Silva para ocupar a presidência do Incra; além disso, criou o Ministério da Reforma Agrária e, por indicação dos bispos da região Norte, convidou para ocupar o cargo de ministro o Dr. Nelson Ribeiro, paraense, conhecedor dos problemas agrários daquela região.

29. Tancredo Neves morreu antes de tomar posse, assumindo o governo o vice-presidente José Sarney. Mantido o programa de Tancredo Neves, Dr. José Gomes da Silva, presidente do Incra, iniciou a elaboração do primeiro plano de reforma agrária, conforme o previsto no Estatuto da Terra. Não chegou a colocá-lo em prática, pois pediu demissão em outubro de 1985, quando percebeu que o novo governo não tinha reais compromissos com a reforma agrária.

30. Embora ao longo do governo José Sarney o Estatuto da Terra tenha sido aplicado mais vezes que em governos anteriores, foram episódios sem grande amplitude e sem terem sido feitos de acordo com um verdadeiro Plano de Reforma Agrária, conforme determina o Estatuto da Terra.

31. A Constituinte, em 1987, avançou em algumas questões sociais, mas no tema da reforma agrária representou um retrocesso em relação ao Estatuto da Terra.

32. Garantiram-se os interesses de manutenção da concentração da propriedade da terra e dos privilégios dos fazendeiros. De certa forma, representou a reprodução da aliança histórica das classes dominantes brasileiras – a burguesia urbana e os latifundiários – que permite repartir algumas migalhas, conceder alguns direitos sociais e trabalhistas, mas mantém incólume os privilégios da riqueza e da renda.

33. Embora o discurso pregasse a redemocratização formal do país, ignorou a redemocratização econômica, sem a qual grande parcela da população brasileira, especialmente os mais pobres, permanece excluída das mesmas oportunidades socioeconômicas.

34. A nova constituição não suplanta todos os artigos do Estatuto da Terra, mas insere mudanças fundamentais na classificação das propriedades. Substitui-se a expressão minifúndio, empresa rural e latifúndio por pequena, média e grande propriedade, respectivamente. Não se trata apenas de uma questão semântica; isso tem consequências práticas, pois, segundo essa nova Carta, ficam excluídas de qualquer processo de desapropriação as pequenas, médias ou grandes propriedades "produtivas", sem que esse conceito de "produtiva" seja muito claro.

35. Criou-se um imbróglio jurídico, pois em outro artigo da Constituição fica determinado que sejam passíveis de desapropriação todas as grandes propriedades que não cumpram sua função social. Tal função social deverá ser aquilatada não apenas em relação aos aspectos de produção e produtividade, mas também os relativos aos cuidados com

o meio ambiente e às relações sociais existentes na propriedade. Enfim, aspectos de atenção aos interesses da sociedade como um todo.

36. Tal imbróglio jurídico gerou a necessidade de se criar uma lei complementar destinada a normatizar a aplicação dos novos princípios constitucionais à reforma agrária. Promulgada pelo Congresso Nacional em 1993, ficou conhecida como Lei Agrária/93.

37. A normatização prevista na Lei Agrária/93 não simplifica o processo de desapropriação; ao contrário, cria brechas jurídicas que facilitam a contestação jurídica pelo latifundiário, evitando que os processos de desapropriação sejam rápidos e eficazes.

38. Cá estamos, até hoje. Na prática, apesar do Estatuto da Terra, da nova Constituição e da subsequente Lei Agrária, o processo de concentração da propriedade da terra no Brasil continuou crescendo. Ao longo desses 40 anos, apesar da incessante luta dos movimentos camponeses, a propriedade da terra está cada vez mais concentrada em mãos de menos gente, empurrando para muito longe a perspectiva de um processo histórico de democratização do acesso à terra. O Brasil se mantém como um dos países de maior concentração da propriedade da terra.

39. Conclusão: o Estatuto da Terra foi previsto para um momento histórico em que a reforma agrária de tipo clássico deveria viabilizar o desenvolvimento do mercado interno. Isso se dava no marco de influência das teses cepalinas, que preconizava que, para enfrentar o subdesenvolvimento, era necessário desenvolver a indústria nacional e distribuir renda.

Contudo, os desdobramentos do golpe militar de 1964 foram frutos e geraram uma nova correlação de forças políticas, aliando militares, latifundiários, burguesia nacional e capital estrangeiro, consolidando 20 anos de ditadura militar, que impôs pela força sua hegemonia política e o seu projeto de desenvolvimento. O marechal Castelo Branco não entendeu os tempos políticos e históricos que ele ajudou a desencadear.

40. Mas a história vai sendo escrita conforme a caminhada do povo. A sociedade brasileira, conscientizada pela justeza da reivindicação dos movimentos camponeses, compreenderá que somente a democratização do acesso à terra poderá resolver os problemas da pobreza e da desigualdade social.

São Paulo, novembro de 2004
40 anos do Estatuto da Terra

LIVROS DE JOSÉ GOMES DA SILVA

A reforma agrária no Brasil
José Gomes da Silva
Rio de Janeiro: Zahar Editores, 1971
(Coleção Brasil Urgente)

Caindo por terra: crises da reforma agrária na Nova República
José Gomes da Silva
São Paulo: Editora Busca Vida, 1987

Buraco negro: a reforma agrária na Constituinte
José Gomes da Silva
São Paulo: Editora Paz e Terra, 1989

José Gomes da Silva em entrevista à Revista *Teoria e Debate*. Fotos *Teoria e Debate*

Sessão de Homenagem ao centenário de José Gomes da Silva na Assembleia Legislativa do Estado de São Paulo, 2024.
créditos: Elineudo Meira / @fotografia.75

Este livro foi composto em fonte Adobe Garamond Pro e impresso em papel Lux Cream 70g no miolo e Ningbo 250g na capa pela gráfica Paym para a Editora Expressão Popular no ano do centenário de José Gomes da Silva para fortalecer a luta pela Reforma Agrária no Brasil